本书由安阳工学院博士启动基金项目（BSJ2020023）及安阳工学院百千万英才提升计划——"先进市政污水处理设施创新创业研究"资助出版

人工智能时代的
环境工程创新

RENGONG ZHINENG SHIDAI DE
HUANJING GONGCHENG CHUANGXIN

杨春林　著

知识产权出版社
全国百佳图书出版单位
—北京—

图书在版编目（CIP）数据

人工智能时代的环境工程创新 / 杨春林著 . —北京：知识产权出版社，2023.1
ISBN 978-7-5130-8537-3

Ⅰ. ①人… Ⅱ. ①杨… Ⅲ. ①人工智能—应用—环境工程—研究 Ⅳ. ① X5-39

中国版本图书馆 CIP 数据核字（2022）第 253301 号

内容提要

人工智能作为新一轮产业革命的核心，必将催生环境工程领域的新技术、新产业、新模式。AI+ 环境工程是本书的重点内容，书中研究了利用机器学习的创新模式来指导环境工程创新，以及人工智能的潜在环境应用领域和应用方式，并对生态环境各领域的前沿应用进行了研究分析，为未来环境工程创新提供了方向。本书还在土壤环境保护方面介绍了作者团队开发的基于人工智能的"大尺度上土壤综合环境质量异常区域自组织提取模型"及其应用。

本书作为人工智能应用的软科学研究专著，可供从事环境工程专业领域科研人员和工程人员阅读参考。

责任编辑：曹婧文　　　　　　　　　责任印制：孙婷婷

人工智能时代的环境工程创新

杨春林　著

出版发行：知识产权出版社 有限责任公司		网　　址：http：//www.ipph.cn		
电　　话：010-82004826		http：//www.laichushu.com		
社　　址：北京市海淀区气象路 50 号院		邮　　编：100081		
责编电话：010-82000860 转 8763		责编邮箱：laichushu@cnipr.com		
发行电话：010-82000860 转 8101		发行传真：010-82000893		
印　　刷：北京中献拓方科技发展有限公司		经　　销：新华书店、各大网上书店及相关专业书店		
开　　本：720mm×1000mm　1/16		印　　张：10.5		
版　　次：2023 年 1 月第 1 版		印　　次：2023 年 1 月第 1 次印刷		
字　　数：135 千字		定　　价：68.00 元		

ISBN 978-7-5130-8537-3

前　言

　　人工智能在环境工程上的应用发展是解决全球主要环境问题的重要方案之一。由于全球气候变暖、动物濒危、碳排放、疾病控制、空气和水污染等各种原因，全球对环境的担忧正在日益增加。这导致可再生能源如风能、太阳能、潮汐能、沼气等的使用增加。人工智能在生态环境保护方面可以帮助减少这些环境问题。人工智能在环境保护中的应用包括能源管理、水管理、碳足迹管理、废弃物管理、土壤环境质量保护等，如天气预测与环境质量预测等。人们越来越多地使用人工智能来控制空气污染、水污染和改善全球气候变暖。人工智能技术在环境工程上的应用未来将有显著增长。本书系统研究了前瞻性的人工智能技术如机器人技术对环境工程发展创新的推动模式，并对生态环境各领域的前沿应用进行了研究分析，为未来环境工程创新提供了一定参考。本书在土壤环境保护方面，详细介绍了项目组研发的基于人工智能的"大尺度上土壤综合环境质量异常区域自组织提取模型"的应用。在全球环境变化研究方面，项目团队利用智能技术研究了"邻域重力异常梯度"对全球大气循环和洋流产生环境的影响。AI+环境工程是本书的重点论述内容，包括如何利用新的创新模式来指导环境工程创新，以及归纳分析各个国家利用人工智能在环境领域前沿的应用与研究。

　　人工智能技术对环境分析非常有利，因为它能够快速处理大量数据，从而获取对人类有价值的结论。我国使用人工智能技术来预测空气污染，跟踪污染源，并提供潜在的解决方案。联合国可持续发展目标提出了人类未来发展所

面临的环境挑战以及应对气候变化挑战的措施。包括利用海洋和海洋资源、管理森林、防治荒漠化、扭转土地退化、发展可持续城市和提供负担得起的清洁能源。第四次工业革命为克服这些新挑战提供了前所未有的机遇。与以往的工业革命不同，这次工业革命以成熟的数字经济为基础，以人工智能、物联网、机器人、自动驾驶汽车、生物技术、纳米技术和量子计算等领域的快速进步为基础。这些技术的结合提高了环境治理的智能和效率。人工智能预计将产生深刻的影响，渗透到所有行业，并在日常生活中发挥越来越重要的作用。除了提高生产率，人工智能还有望让人类开发出尚未达到的超级智能，为新发现打开大门。本书主要研究了人工智能技术本身的内涵特点，以及在环境工程中的创新领域与内容，系统化地分析预测了人工智能在环境工程各个方面的应用潜力与应用场景。本书旨在对未来技术发展提供创新的观点与思路，推动人工智能技术在环境工程方面的创新，尤其是解决地区性、全球性的环境问题和环境危机方面。

目 录

第 1 章　人工智能时代的环境信息

人工智能的概念最早出现在 20 世纪 40 年代。今天，人工智能在人类的日常生活中得到了广泛应用，多方面技术的发展已达到了一个历史性高度。人工智能正在加速发展，云计算、大数据、物联网、虚拟现实等前沿技术创新进一步推动了人工智能的发展。作为不断扩大的前沿技术的集合，人工智能已经积累了为全球发展和社会变革带来新的可能性的潜力。人工智能的变革力量跨越了所有经济和社会领域，包括环境保护领域。人工智能有潜力加快实现可持续发展目标的进程。

1.1　人工智能的发展

历经经验观察、理论分析和计算模拟范式的长时间演变之后，新兴的"大数据科学"被视为科学研究的新范式和第四范式。从历史上看，环境学中的许多知识都是通过实证或假设驱动的研究获得的。由于高分辨率遥感、智能信息与技术物联网、云计算和机器对机器等基础设施支持的通信技术的出现，环境基础数据生成的速度已经大大超过了传统的数据编译和分析的速度。在数据生成和知识提取之间存在着一种强烈的不对称性，并且这种不对称性还会继续存在，从而造成所谓的"暗数据"或"数据冰山"现象。在这种情况下，所有获得的数据都无法及时被吸收以获得新的知识，从而失去了它们的大部分科学价值。

数据和数据分析一直是科学研究的主要支柱之一，是理论和数值模型发展的基础。目前，对于新兴的大数据科学、新一代大数据分析方法与经典数据分析方法之间的差异，以及数字转型对环境工程的潜在影响，研究存在很多不足。人类正寻求各种机器学习技术来实现自动化数据分析，从而缩小时空尺度上的信息摄取差距。许多科学学科已经运用数据驱动。例如，现代望远镜实际上就是一个非常大的数码相机。大型天文望远镜通过扫描天空，每天记录万亿字节的图像数据，天文学家运用超级计算机分析这些数据来探测宇宙的起源，将彻底改变我们对宇宙运行的理解。从生物学到环境科学，许多其他学科也提出或正在进行类似的科学项目。全球研究项目产生了大量的数据集，可供自动化分析。研究人员汇集资源，构建出大型数据中心，可以供相关领域的科学家分析研究。

人类知识的获取和合成通常是在较长的时间范围内以较低的频率进行的。大数据推动了知识获取模式的改变，这就需要对机器数据进行规范化、过滤和聚合，只向人类提供最高级的有用信息。机器学习技术正取得巨大的飞跃，机器在自动数据分析方面展示了卓越的技能，每秒可处理数百万个实时事件。人工智能的演变被认为由三次浪潮组成。人工智能的第一次浪潮（20世纪70—90年代）主要带来符号主义、机器证明、人工智能逻辑语言的快速发展，主要成果包括专家系统、知识工程。人工智能的第二次浪潮（2000—2020年）的显著特点是统计表示和机器学习的进步。大量无监督和有监督的机器学习算法的出现对不确定性的处理有了显著的改善，推理和泛化能力增强。第三次也就是现在的人工智能浪潮（20 世纪 20 年代及以后）包括具有情境适应和推理能力的技术，这些技术可以在最小的监督下进行机器的自主学习。近年来，计算硬件和机器学习算法的并行发展推动了人们对数据科学的研究，机器学习算法具有强大的模式识别能力，甚至一些类似于人类智能的推理能力。然而，重要的是，不同的人工智能浪潮并不相互取代。这些技术被用于不同的场景，分别处理人工智能存在的不同方面的问题。比如，在机器学习中，一个常见的例子是标量时间序列分析与图像时间序列分析。前者可以通过传统的机器学习算法进行分析，而后者则通常需要更复杂的计算机视觉算法进行分析。人工智能技术的进步正将人类的认知领域和深度不断拓展。

1.2 大数据技术优势

大数据用于描述难以用传统方法处理、需要额外计算机能力的极其庞大、复杂的数据集。"大数据"作为一个概念比开放数据更主观，因为它依赖于计算机的处理。越来越多的研究人员分享他们的研究和协作工作，将开放数据和大数据结合起来，这种结合具有非常强大的潜力。在生态环境等领域，开放数据和大数据可以帮助回答类似气候变化的复杂问题，并帮助制定环境政策。

大数据技术包括以下几个方面。

大数据是一种基于智能技术和架构的数据分析方法。在这个数据爆炸的时代，并行处理对于及时处理海量数据至关重要。并行化技术和算法的使用是实现更好的大数据处理性能的关键。目前流行的并行处理模型有很多，超大机群上的简单数据处理模型是一个使用非常普遍的大数据处理模型，已迅速被业界和学术界研究和应用。该模型有两个主要优势：①模型隐藏了与数据存储、分布、复制、负载均衡等相关细节；②该模型非常简单，程序仅仅指定了两个函数 Map 和 Reduce，就能够处理大数据的并行存储和运算问题。模型的应用程序分为三大类：子空间划分、子过程分解和近似重叠计算。该模型在数据挖掘、信息检索、图像检索、机器学习和模式识别等多个领域得到了广泛的应用。

然而，大数据处理需要大量的硬件和处理资源，导致中小企业和个人无法直接采用大数据技术。云计算技术提供了普通终端实现大数据处理的可能。云计算是对计算资源的按需网络访问，由外部实体提供。云计算的常见部署模型包括平台即服务、软件即服务、基础设施即服务和硬件即服务。云计算技术的发展降低了计算机和移动设备的成本，并带来了新的服务。

在大数据技术快速发展推动下，目前全球主要存在五种类型可以获取的环境信息数据：

（1）由地球观测系统遥感设备持续提供的数据；

（2）由大规模地球系统模型模拟的数据；

（3）长期生态环境监测网从地面系统收集的多传感器数据；

（4）通过多个仪器（如物候摄像机、野生动物摄像机陷阱和温度记录仪）从野外实验中收集的大规模数据集；

（5）将个体的科学观察数据和实验数据汇总成更大的数据资源，包括手机等设备提供的数据。

1.3 全球观测与模拟数据

1.3.1 对地观测系统

对地观测系统是为了掌握地球系统变化，由73个国家和46个组织参加建立的合作体制，中国于2004年加入该计划。这个计划包括：①地球系统科学的研究，利用图集来解释分析地球系统现象、原因与发展规律，建立有关的模型；②航天观测系统，由多个国家的平台和太空站组成，搭载了成像光谱仪、微波辐射计、合成孔径雷达等遥感器；③数据信息系统，是对地观测数据获取的主要系统。整个系统是一个立体观测网，包括了高空的人造卫星、太空站、火箭，也包括飞机和地面观测车等平台。其数据集包含了资源、测绘、气象、水利、农业及城市、生物多样性保护等各个领域，中国为此已发射了数百颗卫星。用户可以通过对地观测系统网站（www.geoportal.org）获取全球相关的数据集。我国也通过国家综合地球观测数据分享平台（www.chinageoss.cn）进行数据的共享。

研究人员正在研究将人工智能和地球观测数据结合起来，以监测海洋中的大型塑料垃圾集群，支持塑料垃圾清理项目。作为"人工智能造福人类"全球倡议的一部分，微软公司启动了"地球人工智能"计划，该计划提供与土地覆盖制图、物种分类、相机陷阱图像处理、地理空间数据集和自然保护相关的开源工具、模型、基础设施和数据。人工智能与地球观测系统的交叉应用是人工智能应用于视觉诊断的关键领域，也是深度学习的新兴领域。混合建模方法能够将物理过程模型与数据驱动的深度学习算法进一步结合起来。联合国卫星项目开发的系统已经用于监测火灾、评估洪水或飓风影响。

目前，在地球观测中使用人工智能技术需要大量额外的工作，包括数据准备、物理原理与算法的集成，数据的基本真实性用以验证产品，同时设计数据集以训练人工智能算法。目前，对地观测应用缺乏训练数据集是人工智能应用的一个限制因素，而对地观测中的人工智能潜力很大程度上尚未开发。虽然人工智能经常被用于分析光学图像，但卫星使用的多光谱光学传感器及来自雷达或激光传感器的数据需要进一步的开发，以应用于深度学习和相关分析技术。

1.3.2　地球系统模拟数据

目前地球系统模拟数据主要来自少数几个国家 / 地区，大多数是气候系统模型模拟数据，仅中国和美国、欧盟、日本建立了完整的地球系统模型。中国科学院大气物理研究所牵头设计研发了中国的地球系统模型 CAS-ESM2.0。主要模拟了地球系统的各种过程（物理、化学、生命）及演化，包含了水圈、岩石圈、大气圈、生物圈等的演变规律。美国的国家大气中心（http：//ncar. ucar.edu）研发的地球模拟器和日本地球模拟器中心（http：//www.jamstec. go.jp）研发的地球模拟器也是两个重要的模拟数据源。而就天气预测模型来说，全球两个比较著名的模型是 GFS（全球预测系统模型）和 ECMWF（欧洲中期天气数值预报模型），用来预测提前 3~10 天的天气模式。这些模型将历史数据和即时获取的监测数据作为初始条件输入，预处理后运行机理模型（物理包），从而输出每个网格点的气象预测数据，并生成未来指定时间的大气三维图。数据主要依靠大型计算机来高速运行，模拟可以覆盖整个地球。美国国家科学博物馆开发的"地球立方"项目是人工智能和大数据的另一种结合方式，最终目标是建立一个完整的地球 3D 模型。利用机器学习人工智能技术，该项目整合了来自环境保护等学科的庞大数据集。有了这些数据，"地球立方"将致力于精确模拟地球的化学成分，有效地创造一个模拟行星。该模型允许研究人员调整和修补行星条件，观察以前不同的数据集如何在一个沙箱中相互作用。

人工智能和地球观测系统的结合能够生成与环境规划、决策、管理和环境政策进展监测相关的信息。有很多研究项目将不同的人工智能技术与地球观测系统结合在一起生成数据。"行星地球的数字孪生"项目将数字基础设施、地球观测数据和人工智能应用程序相结合，以构建地球模型，准确反映过去、现在和未来的变化。"行星地球的数字孪生"旨在观察、监测和预测人类在地球上的活动，并支持有关环境问题的优先政策，如气候变化、环境退化或城市化。使用神经网络对卫星图像进行分类和覆盖，对农业和林业的监测至关重要。深度学习被用于预测洪水、干旱或风暴等极端自然事件，并提供具体指导信息，如用于农田灌溉支持的选定农业地区的水资源可利用性地图。

通过使用基于智能工具和技术的环境智能监控、分析、预测、决策和控制系统，可以实现环境质量的改善。这种集成智能系统是非常有用的决策支持工具，用于管理紧急情况:洪水，严重的空气、水、土壤污染，地震，海啸，风暴，滑坡，雪崩和其他。此外，它们也可以用于日常服务中，如提供某一地区的人口情况。由于各种环境参数之间的相互依赖性，这类集成系统的复杂性很高。例如，降水的气象因子会对特定水文流域的流量变化产生直接的影响，同时间接影响环境污染的程度和范围。如果降雨量非常大，就会导致河流某一区域发生洪水；如果河流的水被污染了，也会导致土壤污染。

1.4　长期生态环境监测数据

长期生态环境监测网的数据来源更为复杂，各个国家都根据自己国家的环境问题建立了不同的环境质量的监测网络，比如我国的生态环境部监测总站（http：//www.cnemc.cn/sssj）和地方各级监测站点组成的信息网络，监测信息包括了我国的地表水质、饮用水质、污染源排放、酸沉降、空气质量、沙尘、光化学烟雾、温室气体、土壤、地下水和生态的长期数据。我国国家海洋局环境监测中心的监测数据包含了海洋生态环境、海水浴场水质和海水水质的监测信息。而我国林草部门的监测信息主要集中在生态监测指标，包括国家重点生态功能区、国家公园、重要生态系统、森林、自然保护区等方面的信息。利用最新的传感器技术，政府可以实时监测环境数据。大数据技术还提高了数据质量，帮助政府实施更好的环境法规。政府通过远程传感器网络，可以监控公用事业公司（如热电厂）污染物的排放，可以保证排放规范的遵守。通过帮助政府分析和测量数据集，大数据可以对环境产生巨大影响。

　　大数据分析系统可以帮助政府和行业找到新的创新方式，帮助实现环境的可持续性。美国的国家生态观测网络的建立主要是为了掌握本国不同时空尺度的生态系统和结构如何对自然和人为因素进行响应，如掌握气候、土地利用和物种入侵对生态系统的影响模式和速度；以及在土地利用、气候变化和物种入侵影响中，生物地球化学、生物多样性、水文、生物结构功能发挥什么作用及其反馈机制。美国的光化学监测网络主要是在臭氧不达标的地区监测空气中的臭氧、挥发性有机物和氮氧化物浓度。欧洲建立的欧洲污染监测计量网络，对水、空气、土壤等环境各个方面进行综合监测，将全欧洲2000多个监测站点的数据汇总成质量指数，以小时为单位进行空气质量在线报告。

　　全球众多长期生态监测站网络积累了众多研究区的环境和生态变量的长期、协同、多维观测和实验数据。与生物多样性数据库一样，永久站点包含许多不同种类的传感器和测量数据，因此数据的变化程度非常大。原则上每个地点测量相似的生态变量，开展宏观生态分析是可能的。联合国环境规划署和国际环境情报网等环境组织收集和归档了许多种类的生态数据，已经进行了广泛的预规划、设计和实施通用协议，以统一在不同空间和时间尺度的宏观生态动力学研究中的各种数据源，并更好地描述观测误差源。

野外实验数据集的数据来源广泛，包括了科学家、研究组织、公益组织等的参与，这些信息包括影像、视频和各种仪器、传感器的数据，是优质的数据来源，具有很高的研究价值。比如，林业部门的热红外摄像机已经广泛用在诸如虎、豹等野生保护动物的监测、管理中，长期的观测对生态多样性保护具有重要意义。随着传感器技术的改进和成本的降低，现场自动化监测传感器的分布式网络提供了越来越多的生态数据量，并支持高速科学应用。例如，监测水、微量气体和能量的生态系统－大气交换的涡流通量塔，水化学和温度记录器及麦克风。这些传感器网络可以高速度运行并收集数据。例如，物候传感器网络每 30~60 分钟捕获一次数据或检测监控系统。独立科学家的实验数据可以对大规模的环境问题做出关键的贡献，并成为大科学计划的有益补充。因此，科学家主动参与到大数据环境是非常关键的一环。例如，生态学家利用多尺度数据来补充卫星数据中相对粗尺度的模式，使研究的生物、位置、过程和方法范围更为广泛，是大数据的有益补充。

1.5　公众观测数据

个人的科学观察和实验可以汇总成更庞大的数据资源。个人设备提供的数据，有的发布在公益网站上，有的以论文等形式发布在学术期刊上，其数据可利用性有时取决于人工智能的网络挖掘能力，有时则归因于这个研究领域的学术组织的发展程度。对这些数据的利用是人工智能时代获取环境信息的一个非常重要的途径，尽管有时工作量巨大，但这正是人工智能发挥潜力的领域。而个体移动通信设备的利用则是另一个未来环境大数据获取的重点，除了可以促进更多公众参与生态环境保护以外，也是移动终端发展的一个契机，未来将环境监测传感器装入普通人的手机也存在较大的可能性。生物多样性地图绘制等科学项目正努力吸引大量公众参与研究。科学爱好者能够实地采样，并以比传统方法更低的成本提供高分辨率的数据。公众参与的科学项目范围从局部尺度的高分辨率项目如监测小规模污染事件的影响，到涉及数千名志愿者的大规模生物多样性项目如蝴蝶或鸟类种群观测。通常，公众科学项目可以验证现有数据，如遥感数据的地面真实性。大型公众科学平台正在迅速发展，成为重要的科研数据来源。

1.6　环境大数据的特征

环境大数据是大数据中与人类关系最密切的信息。事实上，它代表了环境问题及其管理过程的所有内在要素的定量和定性规律。这类经过处理的数据，可供政府管理部门、大众和各种企业分析和使用。环境大数据是人类在环境工程实践中认识环境、解决环境问题的共享资源。它是一种与环境保护有关的无形资源，存在于自然界、人类社会和人类思维中。环境大数据除了具有无限性、多样性、灵活性、共享性和可开发性的特点，还具有数据量大、离散程度高、数据来源广、处理方法多样化等特点。

根据对生态环境大数据的研究，这些大数据具有以下几个特征。

1. 数据多源

生态环境数据来源于全球观测系统，环保、气象、海洋、水利、国土、农业、林草等不同组织或工业部门，空气质量、水环境质量、土壤环境质量、噪声环境质量和生态监测数据通过在线监测设备或者实验室测试后录入系统获取。大量的卫星传感器、物理传感器、化学传感器、光学传感器、人工检查等执行着环境监测的数据获取。

2. 数据结构复杂

国家、部门、组织的数据标准的差异性是大数据结构复杂的主要原因，但这些可以通过自动化处理成为标准化的通用数据。由于来源多样化造成数据文件的种类复杂，且观测形式多样而形成非结构化的数据，则是一个更难解决的问题。这些技术问题也正是人工智能可以应用的重点，对大数据进行数据清洗、集成和建模、优化处理等，才能将这种复杂、非结构化的数据转化为可利用的数据。

3.　数据处理难度大

由于数据环境复杂和数据形成过程多样，在利用生态环境大数据时，数据的可利用条件苛刻，对其进行有效挖掘需要更多的相关信息，进而要求更高的数据维度，在加工、计算、分析和理解等多个方面都面临巨大的挑战。生态环境方面的大气环境质量模拟、总量控制方案制定等，可以通过使用大数据预处理技术、数据挖掘技术和云计算平台等，提高处理速度和准确性。

1.7　环境大数据的运用

环境大数据的运用将推动环境保护事业不断发展。

（1）大数据技术的运用会扩大环境监测的范围。环境监测大数据能够满足环境质量现状及其变化趋势、污染源现状和潜在的环境风险等分析需求，为环境管理提供重要依据。通过大数据技术全面掌握环境现状，进一步开展预测，是环境管理工作的重要环节。大数据的运用推动了环境信息获取的自动化、智能化、天地一体化的发展，拓展了人类的环境监测范围。

（2）大数据的运用能够加快全球污染防治。通过环境大数据提供的污染源信息及污染分布的预测、分布和特征，为管理部门高效履行职能和推进污染治理提供基础信息和有力指导。通过污染治理进一步改善人居环境，环境大数据能够为环境污染防治和减少污染物排放提供重要的支撑作用。

（3）大数据的运用能促进生态保护和国际合作。生态保护大数据可以促进全球的生物多样性保护，掌握保护区的植被、生物及生态环境变化，使各国环境保护部门能够及时干预自然演替过程和修复人为造成的生态破坏。全球可共享生态数据资源、掌握各区域的生态系统格局和生态破坏状况。

（4）大数据的运用可以用来指导制定应对环境灾害措施。全球环境事故频发，这些突发事件直接威胁着人们的健康和财产安全。通过环境风险源、应急资源、危险化学品和应急处理方法数据库，可以指导制定应急处理措施。可获得多流域、多区域、多层次的环境大数据资源共享；及时获得权威的决策支持服务以及及时的气象、水文信息资源。通过模拟计算结果数据，为突发事件的预防和处理提供大数据支持。

（5）大数据的运用可实现智能化的环境保护规划和决策。通过环保大数据，管理部门的环保规划和政策的制定及完善能够实现智能化。通过对环境发展态势数据的深度学习和智能分析，可实现对环境保护与社会经济互动耦合关系的再认识，动态评估产业布局与生态格局的协调性和区域资源环境承载力。开展上述领域的智能化决策，需要对丰富的数据资源进行数据挖掘、统计分析和模型计算，获取不同途径、规划方案和政策情景下环境趋势的模拟信息，为环境保护宏观决策的制定和完善提供信息支持。

（6）大数据的运用可促进公众参与环境保护。随着人们的环保意识越来越高，对空气、水、自然生态等生活环境质量提出了更高的要求。通过环境大数据提供的智能推送还可以满足不同兴趣的公众参与到自己感兴趣的环境保护行动中去，比如垃圾分类和物种保护。通过智能分析，为个体定制自发节能减排的健康生活方式，向不同层次的公众提供广泛的环境信息，提高公众的环境保护意识和环境保护参与能力。

目前生态信息学和更广泛的数据科学中的各种大数据运用问题主要包括三个方面：

（1）开放数据和开放网络基础设施的开发，旨在支持分散的科学家网络之间的数据和软件的管理、发现、链接和重用；全球各国都在建立开放数据和共享解决方案的网络基础设施。生态系统要想全面、包容地充分利用大数据革命，需要各方共同努力，包括加快新技术的吸收，改善数据和工作流共享，加强大数据服务的翻译和归档。没有任何一个个人或机构能够容纳、管理和有效地分析所有形式的生态数据。因此，为了更好地处理生态多样性和利用生态研究人员的分布式专业知识，生态网络基础设施的发展必须优先考虑数据、方法、标准和代码的开放。多个组织和机构正在努力为科学数据构建一个开放的架构。多个非营利组织正在制定共同的元数据、语义和本体标准，如公平原则，并举行公开论坛。各种科学家协会在联合起来创建共同管理的数据资源。各种编程解决方案正在出现，以便更好地将数据资源彼此之间以及与科学家之间连接起来，包括应用程序编程接口，文档化的科学工作流和版本控制软件平台，可以连接本地的数据系统，也可以连接互联网上的数据网络。这些开放科学解决方案产生了一系列学术影响力的新指标，包括研究人员网络的规模和多样性或数据和软件的使用率等。

（2）采用更加灵活的统计方法，如贝叶斯层次模型和机器学习技术，可以用来分析各种各样的生态数据和过程；大数据和人工智能正在深刻影响着环境科学与工程领域，包括人类所在的在地球环境领域的应用正在对自然现象的分析和理解产生巨大影响。

很多地球观测项目产生了大量的环境数据，并为人工智能系统提供了许多机会，能够更有效和及时地监测环境影响和趋势，识别可用数据中的模式，带来新的认知。在理解驱动力和环境影响及加强与地球和生物圈复杂相互作用有关的预测能力方面，充分利用大数据是进步道路上的关键一步。有大量的信息供人类支配是不够的，人类需要利用这些信息促进进步。人工智能和大数据正试图改变未来人类使用知识的方式。环境问题通常涉及科学家尚未完全了解的复杂过程，可用的资源有限。随着机器学习和深度学习的进步，可以利用人工智能的预测能力，创建更好的数据驱动的环境过程模型，以提高研究当前和未来趋势的能力，包括应用于水资源可用性、生态系统保护和污染治理。

（3）通过云计算技术构建更高的计算能力，允许灵活和动态地为大容量、高速应用提供计算资源。人工智能的未来发展将需要先进的计算能力。量子计算、分布式计算和深度学习芯片的进步将至关重要。人工智能技术在环境科学与工程领域具有巨大的潜力，因为它能够加速对大量数据的分析，以增加人类的知识库，使人类能够更好地理解和应对环境挑战。地球观测数据与人工智能的结合为人类提供了更有效和及时的监测环境影响和趋势信息，带来了新的见解，帮助人类了解驱动力和环境影响，增强预测能力。因此，人工智能将产生与环境规划、决策、管理和环境政策发展有关的重要信息。

第 2 章　人工智能时代的技术与创新模式

　　根据人工智能是否真正具备智能行为，即能否实现推理、思考并最终解决复杂问题，可以将人工智能分为弱人工智能和强人工智能。弱人工智能是指经专门设计的用于处理特定任务的智能体，并不是真正实现推理和解决问题的智能机器。这些机器表面看像是智能的，但实际上其并不具备任何认知功能，也不具有自主意识。目前主流研究仍然集中在弱人工智能，并取得了显著进步，如在语音识别、图像分类和物体分割、机器翻译等方面取得了突破，可以满足人类的需求。强人工智能是指真正能思维的智能机器，具有理解或学习人类可以执行的智力任务的能力，尽管实现强人工智能非常复杂，但是仍然有一些研究机构在持续探索强人工智能。本章就人工智能的技术领域和基础算法以及模式创新进行深入的探讨。

2.1　人工智能的技术领域与算法

　　根据应用技术领域的划分，人工智能分为机器学习、计算机视觉、自然语言处理、机器人技术和生物识别技术等。

2.1.1　机器学习

与人类归纳经验的行为类似，机器学习是一种赋予机器进行自主学习，进行自主判断预测的技术。机器学习算法是指使专业人员能够研究、分析、理解和探索大型复杂数据集的程序代码（数学或程序逻辑）。每个算法都遵循一系列指令，通过学习、建立和发现数据内在的模式来实现预测或对信息进行分类的目标。机器学习算法指定系统在处理特定问题时应该考虑的规则和过程。这些算法对数据进行分析和模拟，以预测在预定范围内的结果。此外，当新的数据被输入这些算法中时，它们会根据对以前预测结果的反馈进行学习、优化和改进。机器学习算法往往会在每次迭代中变得"更聪明"。根据算法的类型，机器学习模型使用一些参数来分析数据并产生准确的结果。这些参数代表更大数据集的训练数据的结果。

1. 机器学习算法

（1）人工神经网络算法。人工神经网络与神经元组成的异常复杂的网络大体相似，是由个体单元互相连接而成，每个单元有数值量的输入和输出，形式可以为实数或线性组合函数。它先要以一种学习准则去学习，然后才能进行工作。当网络判断错误时，通过学习可使其减少犯同样错误的可能性。此算法有很强的泛化能力和非线性映射能力，可以对信息量小的系统进行模型处理。从功能模拟角度看具有并行性，且传递信息速度极快。

（2）决策树算法。决策树及其变种是将输入空间分成不同的区域，每个区域有独立参数的算法。决策树算法充分利用了树形模型，根节点到一个叶子节点是一条分类的判别路径，每个叶子节点象征一个判断类别。先将样本分成不同的子集，再进行分割递推，直至每个子集得到同类型的样本，从根节点开始测试，到子树再到叶子节点，即可得出预测类别。此算法的特点是结构简单、处理数据效率较高。

（3）朴素贝叶斯算法。朴素贝叶斯算法是一种分类算法。它不是单一算法，而是一系列算法，它们都有一个共同的原则，即被分类的每个特征都与任何其他特征的值无关。朴素贝叶斯算法认为这些"特征"中的每一个都独立地贡献概率，而不管特征之间的任何相关性。然而，特征并不总是独立的，这通常被视为朴素贝叶斯算法的缺点。简而言之，朴素贝叶斯算法允许我们使用概率给出一组特征来预测一个类。与其他常见的分类方法相比，朴素贝叶斯算法需要的训练很少。在进行预测之前必须完成的唯一工作是找到特征的个体概率分布的参数，此工作通常可以快速且确定地完成。这意味着即使对于高维数据点或大量数据点，朴素贝叶斯算法也可以表现良好。

（4）支持向量机算法。基本思想可概括如下：首先，要利用一种变换将空间高维化，当然这种变换是非线性的；然后，在新的复杂空间选取最优线性分类表面。由此种方式获得的分类函数在形式上类似于神经网络算法。支持向量机算法是统计学习领域中一个代表性算法，但它与传统方式的思维方法很不同，输入空间、提高维度，从而将问题简短化，将问题归结为线性可分类的经典解问题。支持向量机算法应用于垃圾邮件识别、人脸识别等多种分类问题。

（5）随机森林算法

控制数据树生成的方式有多种，根据前人的经验，大多数时候更倾向选择分裂属性和剪枝，但这并不能解决所有问题，偶尔会遇到噪声或分裂属性过多的问题。基于这种情况，总结每次的结果可以得到袋外数据的估计误差，将它和测试样本的估计误差相结合可以评估组合树学习器的拟合及预测精度。

此算法的优点有很多，如可以产生高精度的分类器，并能够处理大量的变数，也可以平衡分类资料集之间的误差。

（6）Boosting 与 Bagging 算法。Boosting 是种通用的增强基础算法性能的回归分析算法。它不需构造一个高精度的回归分析，只需一个粗糙的基础算法即可，再反复调整基础算法就可以得到较好的组合回归模型。它可以将弱学习算法提高为强学习算法，也可以应用到其他基础回归算法，如线性回归、神经网络等，来提高精度。Bagging 和 Boosting 算法大体相似但又略有差别，主要是给出已知的弱学习算法和训练集，它需要经过多轮的计算，才可以得到预测函数列，最后采用投票方式对示例进行判别。

（7）关联规则算法。关联规则是用规则去描述两个变量或多个变量之间的关系，是客观反映数据本身性质的算法。它是机器学习的一大类任务，可分为两个阶段，一是先从资料集中找到高频项目组，二是再去研究它们的关联规则。其得到的分析结果即是对变量间规律的总结。

（8）EM（期望最大化）算法。在进行机器学习的过程中需要用到极大似然估计等参数估计方法，在有潜在变量的情况下，通常选择 EM 算法，不是直接对函数对象进行极大估计，而是添加一些数据进行简化计算，再进行极大化模拟。它是对本身受限制或比较难直接处理的数据的极大似然估计算法。

2. 机器学习的学习方式

机器学习根据学习方式分为四类：监督学习、无监督学习、半监督学习和强化学习。

（1）监督学习。这种类型的机器学习通过让机器学习大量带有标签的数据样本，进行训练生成模型，并能够根据所提供的训练预测输出。带标签的数据指定一些输入和输出参数存在的内在映射关系。因此，用输入和相应的输出训练机器。在随后的阶段，使用测试数据集生成机器模型来预测结果。

例如，使用一个喜鹊和乌鸦图像作为输入数据集。首先，机器被训练来理解图片，包括喜鹊和乌鸦的颜色、眼睛、形状和大小。训练结束后，输入喜鹊的图片，让机器识别目标并预测输出。经过训练的机器会检查输入图像中物体的各种特征，如颜色、眼睛、形状等，以做出最终的预测。这就是监督机器学习中目标识别的过程。

监督学习技术的主要目标是将输入变量映射到输出变量。监督机器学习可进一步分为两大类：①分类学习。即处理分类问题的算法。其中输出变量是分类的，例如，是或否，真或假，男性或女性，等等。分类学习在垃圾邮件检测和电子邮件过滤中得到实际应用。一些已知的分类算法包括随机森林算法、决策树算法、Logistic 回归算法和支持向量机算法等。②回归预测。该算法用于处理输入和输出变量具有线性关系的回归问题，可以通过已知预测连续输出变量。例如，可以用来解决天气预报、市场趋势分析等有关时间序列的预测问题。

（2）无监督学习。无监督学习指的是一种缺乏监督的学习技术。在这里，机器使用未标记的数据集进行训练，并能够在没有任何监督的情况下预测输出。无监督学习算法的目标是根据输入的相似性、差异性和模式对未排序的数据集进行分组。

例如，对于一个装满水果的容器的图像输入数据集来说，机器学习模型不知道这些图像的实质。当我们将数据集输入机器学习模型时，模型的任务是识别对象的模式，例如颜色、形状或在输入图像中看到的差异，并对它们进行分类。在分类之后，机器在使用测试数据集进行测试时预测输出。

无监督机器学习又分为聚类技术和关联学习两类：①聚类技术是指根据参数将对象分组到集群中。一些已知的聚类算法包括 K-Means 聚类算法、Mean-Shift 算法、DBSCAN 算法、主成分分析和独立成分分析。②关联学习是指识别大型数据集中变量之间的典型关系。它确定各种数据项的依赖性，并映射相关的变量。典型的应用包括 Web 使用挖掘和数据分析。遵守关联学习规则的流行算法有 Apriori 算法、Eclat 算法和 FP-Growth 算法。

（3）半监督学习。半监督学习既具有监督机器学习的特点，又具有非监督机器学习的特点。它使用标记数据集和未标记数据集的组合来训练算法。

以网页内容分类为例。对互联网上可用的内容进行分类是一项时间和资源密集型的任务。除了人工智能算法，它还需要人力资源来组织数十亿个可用的在线网页。在这种情况下，半监督学习模型可以在有效完成任务方面发挥至关重要的作用。

例如，在大学，学生在老师的监督下学习概念称为监督学习。学生在没有老师指导的情况下在家里自学同样的概念称为无监督学习。学生在大学老师的指导下学习后修改概念是一种半监督的学习形式。

（4）强化学习。强化学习是一个基于反馈的过程。人工智能组件通过随机搜索和试验方法自动评估周围环境，采取行动，从经验中学习，并提高性能。该组件会因为每次正确的行动而获得奖励，因为每次错误的行动而受到惩罚。因此，强化学习部分的目标是通过良好的行为获得最大的回报。

与监督学习不同，强化学习较少标记数据，仅通过经验学习。视频游戏里，游戏指定了环境，而强化剂的每一个动作都定义了它的状态。机器学习程序可以通过奖惩的方式得到反馈，从而影响游戏的整体得分。机器学习程序的最终目标是获得高分。

强化学习应用于不同的领域，如博弈论、信息论和多智能体系统。强化学习又分为两类方法或算法。一类是正强化学习，指的是在某一特定行为之后添加一个强化刺激，使该行为更有可能在未来再次发生，例如，在某一行为之后添加奖励。另一类是负强化学习，负强化学习是指通过强化某一特定行为来避免负面结果。

2.1.2　计算机视觉

计算机视觉是人工智能的另外一个领域，它使计算机和系统能够从数字图像、视频和其他视觉输入中获取有意义的信息，并根据这些信息采取行动或提出建议。如果说人工智能使计算机能够思考，那么计算机视觉使它们能够看到、观察和理解。计算机视觉的工作原理与人类视觉大致相同。人类的视觉具有一种优势，即可以通过长期的背景影像及其变化来训练如何区分物体，它们有多远，它们是否在移动，以及图像中是否存在问题。计算机视觉训练机器执行这些功能，但它必须用摄像头、数据和算法在更短的时间内完成，而不是用视网膜、视神经和视觉皮层。一个通过训练得到的成熟的检查产品或监视生产的系统可以在一分钟内分析数千个产品或流程，注意到难以察觉的缺陷或问题，它可以很快超越人类的能力。

计算机视觉需要大量的数据。系统通过反复分析数据，直到识别出差异并最终识别出图像。例如，为了训练计算机识别汽车轮胎，它需要输入大量的轮胎图像和与轮胎相关的物品来学习区别和识别轮胎，特别是没有缺陷的轮胎。

两项基本技术被用于实现这一目标，即深度学习的机器学习技术和卷积神经网络技术。机器学习使用算法模型，使计算机能够根据需要自学视觉数据。如果有足够的数据通过模型输入，计算机就会"观察"这些数据，并教会自己区分不同的图像。算法使机器能够自己学习，而不是有人给它编程来识别图像。卷积神经网络将传感器获取的图像分解成像素，并赋予标签。神经网络程序使用标签来执行卷积（对两个函数进行数学运算，以产生第三个函数），并对"看到"的内容进行预测。神经网络运行卷积，并在一系列迭代中检查其预测的准确性，直到预测开始成为现实。然后，人工智能系统以一种类似于人类的方式识别或看到图像。就像人类在远处辨认图像一样，卷积神经网络首先识别硬边和简单的形状，然后在迭代预测的过程中填充信息。卷积神经网络用于理解单个图像。在视频应用中，以类似的方式使用递归神经网络，以帮助计算机理解一系列帧中的图片是如何相互关联的。现实世界的应用展示了计算机视觉在商业、娱乐、交通、医疗保健和日常生活中的重要性。智能手机、安全系统、交通摄像头和其他视觉仪器设备带来的视觉信息洪流，是这些应用程序增长的关键驱动因素。这些数据可以在跨行业的运营中发挥重要作用，但现在却没有得到充分利用。这些信息创造了一个训练计算机视觉应用程序的测试平台，并为它们替代一系列人类工作的一部分提供了服务平台。许多组织没有资源来资助创建计算机视觉实验室和深度学习模型及神经网络，也缺乏处理大量视觉数据所需的计算能力。视觉软件开发服务可以为他们提供帮助。这些服务提供了可从云计算获得的预先构建的学习模型，也缓解了对计算资源的需求。用户通过应用程序编程接口（API）连接到服务，并使用它们开发计算机视觉应用程序。

2.1.3　自然语言处理

自然语言处理是人工智能的一个分支，它致力于让计算机能够像人类一样理解文本和口语，将计算语言学（基于规则的人类语言建模）与统计、机器学习和深度学习模型相结合。这些技术使计算机能够以文本或语音数据的形式处理人类语言，并"理解"其全部含义，包括说话者或作者的意图和情感。驱动计算机程序，将文本从一种语言翻译成另一种语言，对口头命令做出反应，并快速总结大量文本。人类可以通过语音操作的 GPS 系统、数字助理、语音及文本的听写软件、客户服务聊天机器人，以及其他方便消费者的方式与自然语言处理系统进行交互，在企业中帮助简化业务操作、提高员工生产力和简化关键任务业务流程。人类的语言充满了歧义，这使得编写软件来准确地确定文本或语音数据的意图变得非常困难。同音异义词、讽刺、习语、隐喻、语法和用法异常、句子结构的变化，这些虽然只是语言中少量的不规则现象，却都需要人们花费数年时间来学习，教自然语言驱动的应用程序却从一开始就能准确地识别和理解它们。自然语言处理分解了人类的文本和语音数据，以帮助计算机理解它所收到的内容。

　　自然语言处理的应用包括：①语音识别。也称为语音到文本识别，可以可靠地将语音数据转换为文本数据。语音识别对于任何遵循语音指令或回答语音问题的应用程序都是必需的。语音识别尤其具有挑战性的是人们说话的方式——快速、含糊的单词，不同的重音和语调，不同的口音，经常使用的不正确的语法。②词性标注。又称语法标注，是根据一个词或一段话的用法和语境来确定其词性的过程。③词义消歧。是通过语义分析，确定一个词在给定的语境中的含义，对具有多重意义的词予以分析，消除歧义。④共同引用解析。其任务是识别两个词是否以及何时引用同一对象。⑤情感分析。指试图从文本中提取主观特征，包括态度、情感、讽刺、困惑和怀疑。自然语言生成是将结构化信息转化为人类语言的任务。

2.1.4　机器人技术

机器人技术是指能够自主或半自主地代表人类执行物理任务的机器工程和操作。通常，机器人执行的任务要么是高度重复的，要么是人类无法安全完成的危险任务。机械机器人使用传感器、驱动器和数据处理与物理世界进行交互。近年来，机器人领域已经开始与机器学习及人工智能其他领域重叠。机器人领域有了很大的进展，取得了一些新的通用技术成果。如大数据的崛起，它为在机器人系统中建立编程能力提供了更多的机会。再如使用新型传感器和连接设备来监测环境，如温度、气压、光线、运动等。所有这些都为机器人技术和更复杂、更精密的机器人的产生提供了基础。机器人领域也与人工智能相关的问题交织在一起。机器人在物理上是离散的单元，它们被认为有自己的智能，尽管其受编程和能力的限制。

2.1.5　生物识别技术

生物特征是人的身体或行为特征，生物识别技术可以用来对一个人进行数字识别，以授权访问系统、设备或数据。生物识别的对象包括指纹、面部模式、声音或打字节奏。这些标识符中的每一个元素对个人来说都是唯一的，它们可以组合使用以确保标识更准确。

2.2　人工智能应用与未来的发展趋势

2.2.1　深度学习

人工智能技术已经渗透到我们的生活。随着它们成为社会的核心力量，这一领域正在从简单地构建智能系统转向构建具有人类意识和可信赖的智能系统。机器学习的成熟推动了人工智能革命，这在一定程度上得到了云计算资源和广泛分布的基于网络的数据收集的支持。

"深度学习"使用自适应人工神经网络，极大地推动了机器学习。随着信息处理算法性能的飞跃，用于基本操作（如环境感知和物体识别）的硬件技术也取得了重大进展。数据驱动产品的新平台和市场，以及寻找新产品和市场的经济激励，也促进了人工智能驱动技术的出现。

机器学习中的许多基本问题（如监督学习和非监督学习）已经得到了深入的研究。当前工作的一个重点是扩展现有的算法，以处理超大数据集。例如，传统方法可以对数据集进行多次传递，而现代方法设计为只进行一次传递；在某些情况下，只允许使用线性方法（那些只查看部分数据的方法）。

深度学习成功训练卷积神经网络的能力非常有利于计算机视觉领域的应用，如物体识别、视频标记、活动识别及其若干变体。深度学习也在感知的其他领域应用方面取得了重大进展，如音频、语音识别和自然语言处理。

2.2.2 强化学习

强化学习不同于传统的机器学习主要专注于模式挖掘，强化学习将重点转移到决策制定上，这是一种将帮助人工智能更深入地学习和执行现实世界中的行为的技术。强化学习作为经验驱动顺序决策的框架已经存在了几十年，但由于代表性和尺度问题，这些方法在实践中没有取得很大的成功。然而，深度学习的出现为强化学习提供了一剂"强心针"。由谷歌 Deepmind 开发的计算机程序 AlphaGo 的成功，在一场五局围棋赛中击败了人类围棋冠军，这在很大程度上归功于强化学习。AlphaGo 是通过使用人类专家数据库初始化一个自动代理来训练的，但随后通过与自己进行大量游戏，应用强化学习来不断完善。

机器人的研究重点是如何训练机器人以可推广和可预测的方式与周围世界开展互动。深度学习革命才刚刚开始影响机器人技术，因此获得基于学习的人工智能领域的大型标记数据集难度很大。强化学习消除了对标记数据的需求，可能有助于机器人学习技术的发展，但要求系统能够安全地探索策略空间，而不会犯下危害系统本身或其他系统的错误。可靠的机器感知技术的进步，包括计算机视觉传感器、触觉传感器和力传感器，其中大部分将由机器学习驱动，将继续成为推动机器人能力发展的关键因素。

2.2.3　计算机视觉

计算机视觉是目前最突出的机器感知形式。随着深度学习的兴起，人工智能领域发生了根本的变化。就在几年前，支持向量机还是大多数视觉分类任务的首选方法。但是，大规模计算、大数据集的可用性（尤其是通过互联网）和神经网络算法改进的融合，已经导致基准任务的性能显著提高。计算机能够比人类更好地执行一些视觉分类任务。目前的研究主要集中在图像和视频的自动字幕等方面。

2.2.4　自然语言处理

自然语言处理通常与自动语音识别相结合，是机器感知的另一个非常活跃的领域。目前 20% 的手机查询是通过语音完成的，最新的演示已经证明了实时翻译的可能性。现在的研究正转向开发能够通过对话与人进行交互的技术，而不仅仅是对程序化的请求做出精细化反应，或仅仅是功能强大的应答系统。

研究协作系统模型和算法，可以用来帮助开发能够与其他系统和人类协同工作的自治系统。这有赖于开发协作模型，并使研究系统成为高效的合作伙伴。利用人与机器互补优势的应用越来越被重视，这可以使人类帮助人工智能系统克服其局限性，让人工智能系统增强人类的能力和活动。

关于众包和人类计算的研究，充分利用人类智能来解决计算机无法单独解决的问题，最著名的例子是维基百科，一个由网民维护和更新的知识仓库，在规模和深度上远远超过传统的信息来源，如百科全书和词典。众包专注于设计创新的方式来利用人类的智慧。这一领域的工作促进了人工智能其他子领域的进步，包括计算机视觉和自然语言处理，通过大量标记训练数据，在短时间内收集人类交互数据。目前的研究在努力探索人类和机器之间基于不同能力和成本来开展理想的任务组织。

算法博弈论与激励结构在内的人工智能正引起新的关注。分布式人工智能和多智能体系统的研究受到互联网的推动。

2.2.5 物联网

物联网可以将各种各样的设备相互连接，以收集和共享它们的传感器信息。这些设备包括电器、车辆、建筑物、相机等。虽然连接这些设备需要技术和无线网络，但人工智能可以处理和使用由此产生的大量数据，以实现智能和其他目的。这些设备使用了一系列不兼容的通信协议，但人工智能可以解决这些问题。

物联网作为一种传感器网络是神经计算应用的重要领域。神经计算不同于传统计算模型。传统计算机实现了冯·诺伊曼计算模型，该模型将输入、输出、指令处理和内存模块分离开来。随着深度神经网络在广泛任务上的成功，制造商正在努力为了提高计算系统的硬件效率和稳健性，积极探索计算的替代模型——尤其是那些受到已知生物神经网络启发的模型。目前，这种"神经形态"计算机还没有明确显示出巨大的成功，而且刚刚开始具有商业可行性，但它们有可能在不久的将来变得普遍。深度神经网络已经在应用领域引起了轰动。当这些网络可以在专门的神经形态硬件上训练和执行时，可能会出现更大的波动，而不是像今天这样模拟标准冯·诺伊曼架构。

2.3　人工智能的创新模式

2.3.1　机器学习对创新的影响

机器学习的最新进展是使之成为用来实现创新的工具。机器学习作为创新方法的工具是如何实现的呢？机器学习有望成为一种非常强大的创新工具，在基于静态程序指令集的算法表现不佳的情况下，允许对物理或逻辑事件进行非结构化"预测"。这种新的预测方法的发展，为开展科学技术研究提供了新的途径。现在可以通过识别大型的非结构化数据库来进行预测，而不是专注于小的特征良好的数据集或测试设置，这些数据库可以用来实现动态开发技术的高度精确预测。

机器学习的进步代表了创新方法的改变，这会带来非常重要的长期经济、社会和技术方面的影响。首先，随着这种新的创新方法扩散到许多应用领域，由此带来的技术创新的爆炸式增长和研发生产率的提高会带来经济增长，这种增长可能会超过人工智能对就业、组织和生产率的任何短期影响。负面影响远远小于积极作用，即使自动化程度提高导致劳动力需求减少，人工智能仍会以更快的速度提供新的就业岗位。其次，创新方法工具的出现是罕见的，它对经济增长及社会的更广泛影响可能是深远的。以前只有少数创新方法工具产生了巨大的影响，它们的出现并没有造成直接影响，如眼镜、光学透镜的发明；但通过它们的生产技术能力重塑了生产，如望远镜和显微镜的发明。研究人员为了提高研究生产率，通过人工智能改变或重新定位他们的创新方法。最后，如果机器学习确实被证明是一种新的创新方法，它的发展将有助于加强创新的制度和政策环境，并促进竞争和增加社会福利。这里的核心问题可能是机器学习所需的关键输入数据（大型非结构化数据库，提供有关物理或逻辑事件的信息）与竞争的本质之间的相互作用。虽然机器学习的底层算法属于公共领域，但对生成预测至关重要的数据库可能是公共的，也可能是私人的，对它们的访问将取决于组织边界、政策和机构。由于机器学习算法的性能在很大程度上取决于创建它们的训练数据。因此，在一个特定的应用领域，某个特定组织有可能通过对数据的控制，保持持续创新优势。这种"市场竞争"可能会产生几个后果。首先，它鼓励重复竞争，以在特定应用领域（如搜索、自动驾驶或细胞学）建立数据优势，然后建立持久的进入壁垒，这可能是竞争政策的重点。其次，更重要的是，这种行为可能导致每个部门内的数据分裂，不仅会降低部门内的创新生产率，还会减少对机器学习的创新应用。鼓励竞争、数据共享、开放的制度和政策的积极发展，可能是机器学习开发和应用的经济收益的重要决定因素。到目前为止，人类的讨论主要是推测性的，机器学习可能同时是新的通用创新方法和通用技术。而人工智能的其他几个领域，如机器人，并没有这种直接促进创新的能力。

2.3.2　机器学习对专利的影响

机器学习的出现对专利制度有着重要的影响。尽管到目前为止，机器学习创新的专利争议较少，但存在的试图大量申报生物基因序列和其他种类的基因数据的专利行为表明，突破性研究工具专利，常常因为在专利行政部门和法院引起的争议，导致专利长时间的不确定性，会阻碍创新。而这反过来又导致了研究生产率的降低和竞争的减少。机器学习应用于创新也引发了关于专利制度的法律原则的问题，专利制度本身是围绕给予有创造力的创新者和发明家以回报，来促进创新。但现在机器也能做到自主创新，这一过程是否需要回报激励或者需要建立其他制度仍需要研究。机器学习可能会改变科技进步本身的性质。许多科学与工程领域的研究模式是识别复杂现象间的直接的因果关系，从而建立基础理论。但是，机器学习提供了另一种范式，这种范式基于使用"黑盒"方法预测复杂的多因果现象的能力，能够抽象出潜在原因。不强调对因果机制和抽象关系的理解可能会导致机制不清楚而容易失控或者产生认识偏差。

2.3.3　数据驱动范式

数据驱动范式的巨大成功已经取代了人工智能的传统范式。诸如定理证明和基于逻辑的知识表示和推理等程序受到的关注越来越少。智能规划是20世纪七八十年代人工智能研究的主要内容，近年来较少被关注，部分原因是这种模式依赖于建模假设，而这些假设条件在现实应用中很难满足。基于模型的方法，如基于物理的视觉方法和机器人技术中的传统控制和绘图方法，在很大程度上已经让位于数据驱动的方法。开发具有人类意识的系统将得到越来越多的关注，这些系统将专门模拟和设计与之互动的人的特征。人们对用新的、创造性的方法来开发交互式、可扩展的方式并以此训练机器人感兴趣。此外，物联网系统、设备和云正变得越来越受欢迎，这也是对人工智能的社会和经济层面的思考。

在各个学科和领域，人工智能都将带来认知模式和创新模式的深刻改变，包括未来的环境工程创新。这是人类发展过程中必然会出现的阶段，知识发现和工程创新开始可以完全依靠人类大脑以外的介质进行。人类必须适应和利用这种创新模式，扬长避短地设计未来的科技发展模式。总的来看，在我国当前人工智能行业的基础条件下，随着相关政策的加速落地，人工智能将不断向日常生活渗透，产业规模将大幅提升。人工智能具有显著的溢出效性，或将带动其他相关技术的持续进步，也能够助力环境工程产业转型升级。人工智能技术对环境污染的影响包括直接影响和间接影响。人工智能技术直接开展环境污染防治，能有效减少环境污染，但人工智能技术的发展、工业机器人的大量使用会推动生产力的提高和生产规模的扩大，也可能会间接加剧环境污染。如何利用人工智能的创新模式推动人类环境保护事业发展是全社会都应该关注的问题。

第3章　人工智能时代的水环境与水资源保护

3.1　传统的水环境与保护

3.1.1　自然水循环

水循环过程是由水的三态（固态、液态、气态）转化特性、太阳辐射和地心引力作用决定的。太阳向宇宙空间辐射大量热能，一部分消耗于海洋和陆地表面的水分蒸发进入大气，通过降水又返回海洋和陆地。这一循环通常由四个环节组成：蒸发、水汽输送、凝结降水、径流（地面径流、表层流和地下径流）。水体污染发生在水循环过程中，一些有害物质与水接触并溶于水中，从而使水质发生变化，水体受到污染，其不同的环节所受污染的情况各不相同。

降水是由大气中的水蒸气凝结降落而成，在水循环系统中属大气环节。水蒸气在凝结成水滴和下降过程中吸收、溶存了空气中的不同气体以及各种飘尘、杂质，如空气中的灰尘微粒、微生物等，水的纯洁程度遭受破坏，同时在大气中漂移的各种杂质也会自然沉降于水中。

降落到地面的水渗透过土壤，冲刷着岩石，改变了天然水的成分，富集了盐分和有机物，而后汇入河流、湖泊和海洋。有些挥发成分则可能蒸发回到大气。因此，地表水成分还与地表径流形成地区及水体所处地理位置的地形、土壤、地质、植被、水文地质和不同的气候季节有密切的关系。

由降水入渗而产生的地下水，其矿物质含量较多，水化学成分系根据所接触的岩石性质而异，水较清澈透明，很少含有悬浮物。但随着工农业生产的发展，人类活动改变了地下水资源的质与量。过量开采，易造成地下水资源逐年消耗，区域地下水大幅度下降，开采区地质发生塌陷和沉降。城市、厂矿的三废治理不当，使地下水受污染的面积和深度逐渐扩展。这些都将严重地影响工农业生产，危害人类身体健康。

3.1.2　人类活动的影响

随着世界人口的增长和现代工农业的发展，人类活动对水循环的地面环节产生了重大影响，在某些局部地区对地面水的水量和水质甚至会导致很大的变化。河流是水循环在地面上的主要路径，也是人类干预最多的水体。大气水分凝结致雨，降落地面，渗入土中。当降雨超渗时，即开始产生径流，在流域上未开发地区形成天然地表与地下径流；在农业耕地上形成受农药、化肥污染的径流；在矿山，特别是露天矿，形成受矿区开发活动污染的径流。在城市形成受工业和生活污染的径流。当流域上这些径流汇集入河道，向下游流去时，又受沿河工业、农业、城市用水排水的污染。河道中受污染的水，又由于稀释与自净等作用，随着河水流送的距离和时间的推移而净化。所以，水质污染实际是指进入水体中的污染物含量超过了水体的自净能力，使水质变坏，影响水的用途甚至严重地危害人们的健康。

从水循环运动过程和水污染的发生与发展来看，水体水质污染，究其成因可分两类：一类是由自然地理因素引起的，称为自然污染，另一类是由人为因素引起的，称为人为污染。前者是指在现代工业出现之前，由于特殊的地质或其他自然条件，使一些地区某种化学元素大量富集或天然植物在腐烂中产生某些毒物等，污染了河水，后者是指由于人类活动引起的工业、农业、城镇生活等所造成的人为污染。

　　就水污染来源的形式而言，则基本可分为两种，即点源和面源。点源，主要指工业污染源和生活污染源，其变化规律依从工矿生产废水排放，城镇生活污水排放，降雨冲刷及产、汇流规律，它既有季节性又有随机性，有的则集中于污水处理厂经处理后再排入水体。面源，指农业污染源、矿山开采区的径流冲刷污染源和自然背景源，它的变化服从作物分布、管理（农药、施肥），矿山开采、分布及各种自然条件下的背景值。实际上面源又可分为地表水作用下的污染物运动变化和地下水作用下的污染物运动变化，前者服从地表水水文学的降雨产、汇流规律；后者服从地下水水文学的渗透出、入流规律。当然还有水中污染物本身物理运动、化学反应和生化效应的演化规律，这些都是环境水文学研究的重要内容。

　　除上述水污染源以外，在排出废气较多的工矿区附近，大气中含有的某些污染物质将随大气降水或其自身重量降落而污染水体。工业废渣堆积在水体近旁，其中的可溶性物质被雨水淋溶而流失，以致污染水体；如将废渣直接倾倒入江河、湖海，或发生船舶排污漏油等事故，水污染后果更为严重。

　　水体被污染有时可以直观地觉察到，例如水改变颜色，浑浊，散发着难闻的气味，某些生物的减少或死亡，另一些生物的出现或数量骤增等。有时是直观感觉不出来的，需要借助于仪器观测和分析或调查研究。

3.1.3　水体环境

在冬季，江河水流主要来自浅层地下水补给，水中的溶解氧含量由于被水体中各种性质不同的生化过程消耗而不断减少，水的浑浊度较低，而硬度及含盐量较高，若水面封冻时，有的水体甚至缺氧而导致鱼类死亡。春季，一方面由于融雪水中含有大量氧气而使河水中含氧量有所增加，另一方面由于从土壤表层冲刷下来的有机污染物增加而加大了河水的生化耗氧量。春汛过后，有的地区出现短暂的枯水，水质情况与冬季类似。夏季，水质情况与冬季相反，因为暴雨冲刷，泥沙俱下，浑浊度增加，而硬度及含盐量则大大降低，因为夏季江河水流潜水占总径流量很小，汛期中有机物数量达到高峰。秋季，河水消退，水温逐渐下降，河水开始储存冬季所需要的溶解氧，与此同时水中有机物质的生化过程逐渐消退。通过对水循环过程的分析可以看出，水污染发生的主要环节是在河川径流，水体被污染的根源是人类活动，主要源于工农业生产中有害物质的过度排放，这些被污染的水体不经治理直接进入江河湖库和海洋，使水体中有害物质含量超出水体的自净能力，最后导致污染的形成。海洋以前被认为是容量无限的沉降区，但现在人类知道海洋是脆弱的环境系统，人类能够观测到对其有害的影响。海底大陆架，特别是靠近主要河口的大陆架，在食物供应方面是生产力最高的水生生态生境。由于靠近人类活动，它受到的污染负荷最大。许多河口污染严重，已经禁止商业捕鱼。

3.1.4　水生态与保护

水生态系统的核心是生命系统。非生命部分的生态要素直接或间接对生命系统产生影响，特别是影响水生态系统的食物网和生物多样性。各生态要素交互作用，形成了完整的结构和功能。这些生态要素各具特征，对整个水生态系统产生重要影响。水生态要素特征概括起来共有五项，即水文情势时空变异性、河湖地貌形态空间异质性、水系三维连通性、适宜生物生存的水体物理化学特性范围以及食物网结构和生物多样性。人类大规模开发利用水资源及改造水体之前，水体基本处于自然状态的水文过程。自然水文情势是维持生物多样性和生态系统完整性的基础。

由于人类活动的影响，各种水体的水生态系统会受到不同程度的影响。通过研究污染物与水生生态系统的一种或多种具体的相互作用，可以在水生生态系统的背景下更好地了解水污染的影响。动植物在它们的物理和化学环境中组成了一个生态系统。生态学理论认为系统内一切都是相互联系的。生态系统中生产者利用来自太阳的能量和土壤中的氮、磷等营养物质，通过光合作用产生高能化合物。来自太阳的能量储存在这些化合物的分子结构中。生产者通常被称为处于第一营养（生长）水平，被称为自养生物。消费者直接使用生产者的能源。可能还有几个营养水平更高的消费者，每一个都使用低于其水平的消费者作为能源来源。分解者或腐烂生物，利用动物粪便中的能量，以及死去的动物和植物，将有机化合物转化为稳定的无机化合物（如硝酸盐），可被生产者用作营养物质。

生态系统显示出能量和营养的流动。几乎所有生态系统的原始能源都是太阳（唯一例外的是海洋热液喷口群落，它们从地热活动中获得能量）。能量只向一个方向流动：来自太阳并通过每一个营养层级。另外，养分的流动是循环的：养分被植物用来制造高能量的分子，这些分子最终分解成原始的无机养分，准备再次使用。

大多数生态系统非常复杂，动植物种群的微小变化都可能会对生态系统造成长期的破坏。即使没有人类的干预，生态系统也在不断变化，因此，生态系统的稳定性最好是由它在受到干扰后能够恢复到最初状态的变化速度来定义。例如，期望在生态恢复后的河流生态系统中发现与任何干扰之前完全相同数量和种类的水生无脊椎动物是不现实的。河流无脊椎动物的种群年复一年变化显著，即使在未受干扰的河流中也是如此。相反，人类应该寻找外部返回原生境的类似类型的无脊椎动物，其相对比例与在未受干扰的河流中发现的比例大致相同。

生态系统能够吸收外部干扰的性质称为抗性。由大型的、长寿的植物所主导的群落往往相当能抵抗干扰，生态系统的抗性部分取决于哪些物种对特定的干扰最敏感。即使是食物链顶端的捕食者（包括人类）或关键的植物类型的数量发生了相对较小的变化，也会对生态系统的结构产生重大影响。

大多数水生生态系统都非常有弹性，但不是特别有抵抗力。例如，在风暴发生时，河底会被冲刷，冲走大部分附着在河底的藻类，而这些藻类是小型无脊椎动物的食物。除了重金属、杀虫剂和合成有机化合物等有毒物质的直接影响外，污染物对内陆水域最严重的影响之一是溶解氧的消耗。所有的高级水生生物都是只有在有氧气的情况下才能生存，而且大多数微生物生命也需要氧气。天然河流和湖泊通常是需氧的。如果水体变成厌氧状态，整个生态系统就会改变，水体环境就会变得不安全。水体中的溶解氧浓度和污染物的影响与分解及生物降解的概念密切相关，这是维持生命的总能量传递系统的一部分。植物（生产者）利用无机营养物和阳光作为能源来制造高能量化合物。消费者食用并代谢这些化合物，释放出一部分能量供消费者使用。新陈代谢的最终产物成为分解者的食物并被进一步降解，但速度要慢得多，因为许多容易消化的化合物已经被消耗掉了。经过几个这样的步骤后，只剩下能量非常低的化合物，分解者不能再把这些残留物作为食物。然后植物利用这些化合物通过光合作用生成更高能量的化合物，这个过程重新开始。许多造成水污染的有机材料以高能量水平进入河道。一系列生物体对化合物的生物降解或逐渐消耗能量，产生许多水污染问题。污染对河流的影响取决于污染物的类型。有些化合物对水生生物有剧毒，如重金属会造成污染源下游的生物死亡。有些类型的污染物产生健康问题。但对河流群落几乎没有影响。

生态修复工程主要是在控源截污的基础上对湖泊生境进行营造及对关键物种进行重建或恢复，主要包括生境营造、水生植物种植、水生动物放养、群落的调控优化等措施，当关键物种存活、生长、繁殖，且有机组合形成网状结构后，才能构建成真正地健康稳定的水生态系统。后续对湖泊进行健康评估十分重要，来确保湖泊水生态系统正常发展。

3.1.5　水处理工程

污水处理的主要作用就是保护生态环境，辅助构建生态城市的同时提高水资源的利用效率。城市污水处理有利于提高环境保护的水平，促进环境建设工作的顺利进行，同时改善城市的环境。城市污水处理具有再利用的作用，处理过程中能够做到水资源净化、提纯等工作，这样净化的污水可以重新应用，既可以避免水污染，又可以降低水资源的环境压力。污水处理方法主要分为物化法、生物法和生物膜法三种。

1. 物化法

物化法在城市污水处理中是最基础的方法，通过向污水中加入絮凝剂促进污水静止沉淀，污水中的污泥沉淀之后再过滤，这样就能清洁污水，接下来再使用对应的方法处理污水。但物化法处理城市污水的成效较一般，处理后的结果与实际标准可能存在一些差距，这样后期的污水处理工艺会比较复杂。

2. 生物法

生物法主要指活性污泥法。活性污泥法在城市污水处理中的核心是运用活性污泥菌胶团吸附、净化污染物，传统活性污泥法处理污水时会消耗大量的电能，同时也会产生大量的污泥，需要占据很大的处理空间。传统活性污泥法不能完全去除城市污水中的氮磷元素，因此，又出现了氧化沟法、缺氧 – 厌氧 – 好氧法等活性污泥法的衍生工艺。

3. 生物膜法

生物膜法在城市污水处理中可以较理想地去除溶解性有机物，实现有机物到水、氨气以及二氧化碳的转换，达到污水处理的目标。生物膜法中生物膜上附着大量的细菌、真菌、原生、后生动物，需要促进这些微型动物繁殖并形成生物膜，生物膜上的微型动物能够吸收城市污水中的有机污染物，从而在微生物生长的同时净化污水。

3.1.6　污泥的处理与处置

污水即使经过处理，仍会留下大量的污泥，需要一个最终的处置场地。污泥处理对许多城市来说是一个令人头疼的问题。污泥代表了人类文明的真正残留物，它的组成反映了人类的生活方式、人类的技术发展和人类的道德关切。"把东西倒进下水道"是人类摆脱各种不需要的物质的方式，但并没有意识到这些物质经常成为污泥的一部分，最终必须在环境中处理。

在一个典型的二级处理厂，污泥处理和处置的费用占处理费用的50%以上，这促使人们重新关注这个不太吸引人，但却至关重要的污水处理领域。

焚烧被认为是一种有效的污泥减少方法。然而，人类对空气污染的严格控制以及对全球气候变暖的日益担忧，使得焚烧处理污泥的情况越来越少。由于对水生生态的不利或未知的有害影响，在深海中处置污泥的工作也正在减少。污泥通常含有可能对植物和动物（包括人）有害的化合物，或可能导致地表水和地下水供应的退化。虽然大多数家庭污泥中所含的重金属等毒素的浓度不足以对植被造成直接伤害，但如果污泥长期施用在同一土地上，则毒素或金属的总浓度可能在植物和动物体内形成生物积聚。土地处置，特别是使用污泥作为肥料或土壤改良剂，越来越受欢迎。但用作肥料或土壤调节剂的污泥必须经过测试。

污泥的化学成分很重要。污泥作为肥料的价值取决于氮、磷、钾以及微量元素的有效性。然而，更重要的测量是污泥中的重金属和其他有毒物质的浓度，这些物质应该远离食物链和一般环境。污泥中重金属的浓度范围很大。例如，镉的浓度可能从几乎为0到超过1000 mg/kg不等。工业排放是污泥中重金属和毒素的主要来源：如一家经营不善的工业公司可能会产生足够的毒素，使污泥作为肥料变得毫无价值。在工厂处理污泥以去除金属和毒素是可取的，但从污泥中去除高浓度的重金属、杀虫剂和其他毒素可能不具有成本效益，甚至不可能。因此，最好的管理方法是预防工厂将毒素排放进水中或降低工厂排放进水中毒素的浓度。

3.2　人工智能时代的水环境与保护

识别和应对水污染对保护水环境非常重要，目的是为供水安全提供基本保障。人工智能在水环境质量指数模型和环境大数据融合方面有非常多的应用实践，为发现水污染和治理污染提供了新的认知方式。通过集成水环境遥感和监测数据为特征的人工神经网络自组织建模方法，可以构建出非线性水环境质量的指数模型，为水环境管理和数字化规划提供必要的基础数据。通过构建神经网络、支持向量机、分类回归树等人工智能算法的环境模型，可模拟水环境质量的变化和自然地理过程，为水环境保护提供数值预测。

3.2.1　水资源人工智能建模

水文过程可以看作是自然界中的非线性过程。有些变量如不同地点的流量和降水，具有时变参数。建模需要对这些非线性过程进行描述、分析和解释。当人工智能建模的算法和参数适当形成时，所创建的模型产生经济、快速、接近准确的结果。这是人工智能最重要的优势之一。此外，模型的准确性和功能可以通过不同的记录数据集来控制。其中重要的一点是，控制模型的人需要能够识别水文过程和参数影响之间的关系，并能够在模型发生变化时选择或更改模型的参数、函数、迭代数和算法。在此背景下，利用人工智能技术对水资源进行的研究强调了这一问题的重要性。此外，通过这些方法和模型获得的一些结果应优先考虑生产力、效用、环境的可持续性及生活的质量。

日常监测以及实验室分析评估水环境质量需要大量设备。这些系统中有许多因素容易受到自然灾害的影响。在某些情况下，它们的维护、控制和校准等过程变得很困难。例如，河流中的水流量可以通过河水流速和河水横截面积的乘积来计算。测量流量时，根据所在监测位置的断面确定河道的横截面积后，用流速仪测定河水流速，即可计算出流量。河流的水位也可以通过放置在河段的水准仪（刻度）来确定。随后，从回归分析中得到的关键周期性的曲线在实践中经常使用。通过这种方法，可以减少现场测量。另外，数据分析中最重要的困难之一是实际测量中获得的测量时间间隔。在河段测量泥沙比测量流量更困难。现场测量后，应进行实验室分析工作。与流量测量一样，从回归分析中得到的关键曲线在实际应用中也经常用到。在河流中常用水位传感器或水位计来确定河流的水位。还有一类测量是水质变量的测量。水质变量往往是在非线性的时间间隔进行观测，时间序列往往很短。监测获取的数据集通常会包含大量缺失的数据，且存在较长间隔缺失测量数据的情况。因此，水质数据通常非常复杂，经典水文方法的使用也很难对其进行分析。水质变量可能由于不同水域的利用情况而变化，如灌溉、娱乐、能源和其他特定用途。水环境质量标准通常可以用溶解氧、化学需氧量、生物需氧量、pH 值、温度、硝酸盐、亚硝酸盐钙、钾、磷酸盐、粪便大肠菌群等约 50 个指数的定量水平来表示。反映不同地点水质的因素也有许多指标。因此，当评估不同位置的水质时，需要许多变量。如果以相同的频率系统地观察所有指标，分析就会变得容易。然而，如果在同一位置观测获取不同频率的不同数据，现有的方法就很难应用，而这正是人工智能技术擅长处理的复杂工作类型之一。计算机技术的发展、数据管理、可视化和信息交换加速等的进步促进了水环境质量评估技术的发展。利用人工智能方法可以对降雨径流、蒸发和散发、水流、泥沙、大坝或湖泊水位和水质变量进行预测研究，人工神经网络、模糊模型及混合模型用于水变量预测应用最为广泛。人工智能方法已成功用于预测河流的泥沙、蒸发和蒸散发、降雨径流、径流、水质变量和大坝或湖泊水位的建模。人工神经网络方法的未来水位值是根据河流以前的水位数据预测的。利用河的盐度测量数据,通过人工神经网络建模,可获得精确的相关性和低误差值。不同水生环境的水华模型研究显示可以利用自适应神经模糊推理系统建立溶解氧、化学需氧量和氨氮的分类模型;并使用人工神经网络建模技术进行浮游生物建模估算、藻类形成预测、富营养化建模以及水色量化评估和 pH 值预测。

尽管人工智能技术被视为黑箱系统,但所建立的非线性模型具有的输出效率接近系统实际输出效率,以及模型校准的便利性等特点增加了这些方法的使用频率。随着它成为物理现象建模方法,模型的行为、函数的类型和迭代次数关系到所建立的数学模型的有效性。如何提高准确率和降低错误率,使用何种算法,如何改变函数,都取决于研究者的经验。

在水资源领域,水变量的建模是研究任何水生环境的一个重要步骤。人工智能方法的模型输出可以与统计和随机模拟方法进行比较,模型的性能通常采用平均绝对误差、均方误差、相关系数、散点图和时间序列图等统计表达式。在水资源的建模中,人工智能技术通常能比经典方法给出更好的结果。此外,传统技术与新方法一起使用,并与不同的科学学科相结合,可能会给出更好的预测。如利用人工智能对时间序列频率进行预处理,选择最基本的输入变量及最合适的时间尺度是精确建模的关键。因此需要更多类似的水环境质量的应用研究来扩展目前的人工智能知识前沿,将环境工程学科的原理整合到现有的人工智能框架中。

3.2.2　基于公众大数据的水体环境监测系统设计

基于公众大数据开展水体环境监测信息系统的设计方案依靠人工智能

技术设计从而建立起来。将人工智能与遥感光谱分析技术相结合可用于监测水体的各种指标，人工智能算法可通过智能的遥感信息动态分析预测水质变化，这可以对水体环境质量进行定量评估。人工智能算法在高光谱分析方面很有优势，尤其机器学习为认识复杂环境信息提供了重要手段。人工智能在环境毒理学研究中的应用可以为复杂污染物的毒性预测和风险评估提供高效的技术手段。人工智能与大数据的结合降低了水污染数据处理的复杂性和成本。

利用人工智能和公众信息作为支持水环境监测的手段是可能的。人工智能需要解决公众科学数据的质量和可靠性问题。这里以研究湖泊及其生态环境系统综合监测信息系统的工具和数据，旨在设计开发一个湖泊监测志愿者提供数据的水质信息分析系统为例。系统设计的目标是自动确定公众通过手机上传的图片中是否存在环境质量异常现象，如出现藻类和泡沫，以减少人工监测的时间。这项任务的挑战性在于在没有特定指示的情况下拍摄的带有地理标记的照片中的数据具有异构性。为此研究人员设计了不同的数据工具和深度学习技术平台、卷积神经网络和目标检测算法。由湖泊监测应用程序的观测数据组成的原始数据集，能够与网络引擎上的关键词和图像搜索结果进行集成比对。对不同算法的性能分析指出了监测和正确标记现象的能力，并提出了一些可能的改进策略。

湖泊生态系统受全球变暖和人类活动的影响。湖泊水质需要得到保护，最新的机器学习的技术发展能够提供重要的支持。将现有监测信息与地理空间的数据整合起来，如卫星图像处理、高频原位传感器及公众数据。跨平台、开源的移动应用程序可以支持实现公众参与科学相关的活动。手机应用程序可以让普通市民通过藻类的地理参考图像分享他们对湖泊环境的观察，如泡沫和垃圾，及水参数的测量（透明度、温度、pH 值等）。移动应用程序方便了用户上传内容，同时还设计有环保部门的监测数据接口，应用程序允许环保机构分析数据上传应用。

人工智能和公众参与的环境监测信息系统的整合将有助于解决系统中存在的一些问题。机器学习可以提供大量的标记数据，以提供和训练算法，而且机器学习可以支持自动化数据验证，通过向公众提供自动反馈来鼓励用户参与。

系统程序将机器学习引入湖泊水质观察的自动识别和验证。泡沫和藻类的存在是湖泊水质常见的问题。利用人工智能来识别与水质有关的现象的研究是具有应用潜力的，目前大多数研究都是基于监测水面上的垃圾。人工智能还被用于通过分析卫星图像来监测有害的藻华。湖泊监测移动应用程序的设计用于监测由用户上传的图像中的藻类和泡沫。

初始数据集由移动应用程序用户上传的图像组成，与存档图像集成在一起。这个数据集包含了 20 幅藻类图片，20 幅泡沫图片和 20 幅净水图片。尽管图像非常精确，但与训练机器学习模型所需的数据集相比，数据集是有限的。为了扩大这一范围，通过利用搜索引擎，将藻类和泡沫进行搜索，收集每一种现象的近 100 张有效图像。在那些既没有描绘泡沫也没有描绘藻类的图片中，一些重复出现的元素会被错误认为是泡沫或藻类。例如，藻类的误判对象有草、睡莲、被树木和植被包围的清洁水、地面的绘画和红色金属粉末等景观。泡沫的误判对象是多云的卫星图像、云、漂浮在水面上的冰、雪花、水滴、石头、海浪和反射在水面上的阳光。

藻类和泡沫是不稳定的物体，没有固定的尺寸，它们的形状、延伸、颜色和外观（即致密、线性、分散）可能会有所不同。在图像搜索中出现的误判对象，可以对算法的行为给出一些预期。由于含有上述元素的图像被检误判的概率很高，必须通过数据模型予以区别。

在下载了图像之后，需要执行几个预处理操作来细化最终的数据集。该数据集用于训练卷积神经网络的对象检测算法。①去除重复图像：由于图像来自多个来源，有些图像出现了两次甚至更多次，但标签的名称不同，需要一个脚本程序来去除重复，并获得图像的像素值。②使用散列函数：根据图像像素生成一个十六进制代码。③生成的代码在图像之间进行比较：那些具有相同值的图像被认为是重复的，然后超出的副本将从数据集中删除。

程序在使用卷积神经网络算法时，先将图像导入现象数据库，以便从目录结构中生成标签。为了使用目标检测算法对图像进行标记，需要在每幅图像周围绘制一个或多个边界框，并为每类现象（如藻类或泡沫）分配一个对应的标签，从而识别图像内的现象。为了执行这个操作，须使用图像注释工具。输出文件由图像和同名扩展标记语言文件组成，该文件包含边框的坐标和标签名。然后，将这些标记好的图像上传到人工智能平台上，平台执行后续处理步骤，利用对象检测算法来识别现象。

通过增强图像可以验证所有图像是否都打了标签，并控制和修改边界框的位置，以防主体影像位于图像边界之外。为了增加输入数据量，对所有图像进行了两个步骤的增强处理。水平翻转和图像旋转为每张图像产生两个增强版本。一旦数据集准备好了，就可以导出成模型所需的格式。为了执行水质现象的自动识别，使用计算机视觉、自然语言处理和自动语音识别的人工智能平台。它包含了预先训练的模型，以及使用自定义数据集训练模型。使用 60 张泡沫和藻类图像的初始数据集构建一个自定义模型。由于模型的结构和参数的黑盒以及研究的特殊性，需要构造和训练一个新的卷积神经网络模型。预训练模型在检测图像中的物体方面非常有效。预先训练的模型包括一个检测各种对象的通用模型，以及分类更具体的模型，如人脸识别和人与汽车的检测，等等。

当出现在图像中的物体对象通过图像分类模型评估与已知对象类似时，目标检测算法会预测目标的存在以及它们在图像中的位置。对象检测算法通常的工作方式是通过提取图像中物体可能存在的潜在区域，然后根据感兴趣的对象对区域进行分类。已知的目标检测算法之一是具有选择搜索的图像分割算法，以确定目标可能位于的区域。然后将区域传递给一个神经网络模型，该模型从每个区域建议生成一个特征向量。最后，支持向量机模型对找到的目标进行分类，并确定目标在图像中的位置。

系统对污染现象的识别和预测能够为水体保护提供重要的依据，并为水环境污染提供预警，为有效地开展水体污染防治提供帮助。

3.2.3　人工智能下的水务管理

城市用水管理也是人工智能可以大显身手的领域。城市是人类活动高度密集的区域，包括了完整的社会水循环系统。给排水网络庞大，处理过程复杂，管网密集，受人类干预明显。传统的市政给排水系统工程以取水、给水和排水为独立目标，各方面管理也相对独立，缺少整体上的信息优化、管理决策。

人工控制非点源污染是目前工程师、监管者和科学家面临的最大挑战之一。许多非点状污染物来源于普通的人类日常活动，由于非点源污染的广泛性，它很难控制，甚至更难消除，减轻污染的成本也很高。通过公共教育、社区规划和管理指导方针进行资源控制可能非常有效，但通常需要对人类行为进行实质性的改变。技术方法，如雨水管理，可以帮助减少非点源污染，但不能完全消除。此外，由于现有的污水处理系统的性能差异很大，因此很难预测减少污染的努力是否会成功。鉴于非点源污染处理技术的迅速变化，收集助于成功减少非点源污染的信息是很重要的。

污水处理设施需要利用信息技术，实时远程了解污水处理厂的水质水平，并进行有效管理。人工智能和机器学习可以实现更有效的水处理流程，以监测问题和确保及早处理问题。

人工智能系统可以提高污水管理系统的效率，预测水中污染物的组成，并通过优化使用处理过程中的化学反应物质和降低能源成本来提高污水处理厂的效率。人工智能可以通过识别细菌种类进一步增强现有生化处理系统，预防和清除未知污染物。这种方法远远优于目前使用生物化学实验室分析识别潜在有害微生物的方法。人工智能系统通过传感器进行光谱分析，可以识别水中的迄今为止未知的新污染物，这需要传统化学方法花费大量的时间和成本才能完成。使用神经网络来优化传统控制器可以减少高达40%的能量成本。持续监控和故障检测系统可以提高20%的效率，同时优化设备的使用，防止潜在的新问题的发生。

同时，人工智能系统能够优化运营，以节省能源成本。依靠天气预报和电力供应商等各种数据源，通过人工智能技术，可动态调节高峰时所需的存储量与能源消耗之间的最佳平衡来实现节能。这样系统将显著降低运营成本，同时确保充足的储备。

在水处理工业中，整个水的生产过程都需要能量。随着能源价格的上涨，能源成为水务公司的主要支出成本之一。泵效率的微小改善仍将取得巨大的节能效果，同时减少碳排放。

泵翻新可以非常有效地降低运营成本，但运营商往往缺乏支持预防性措施信息的维护计划，以优化泵的效率。这种模式背后是假设每台泵在单一的压力和流量下运行操作。随着污水处理厂处理系统更加复杂和相互关联，泵很少单独运行。使用变速驱动器（或逆变器）变得越来越普遍。为了掌握所有泵的相互关系，就需要动态的系统来获取所有泵的性能并优化它们实现节能。系统通过使用时间计费技术，最大限度地降低与泵相关的总能源成本。

水供应商有能力安排非高峰时间使用水泵进行大量抽水，使能源成本更低。现有的解决方案大多是基于减少关联泵的成本。还有一些其他的节能技术，如减少泵的启动和停止的频率，以减少压力波动或优化处理，还没有广泛实施。

机器学习的平台收集和存储现有的污水处理厂的数据，生成数据校准模型，建立混合真实和模拟数据的大数据集。通过优化算法发现有用的操作信息，如发现低效率的泵。这些信息对实现维护和更换的最优化非常有益。这个平台不仅依赖于运营商，它还包括一个自动泵调度系统，能最大限度地降低能源成本，同时预测负荷并调度最适合运行的泵，能够节约 20% 的能源。

为了有效地实施预测性维护和预测设备故障，除了设备日志，还需要大量的历史数据集。设备根据预先设定的时间间隔记录日志数据，日志通常包含数千个事件条目。这些事件包含错误代码、发生时间、事件类别和非结构化短信。通常，有经验的操作人员会手动扫描数据并找到模式和异常。这个过程需要花费大量的时间来浏览收集到的大量数据，费时又低效。

先进的预测性维护平台可以利用现有数据进行预测设备故障，无须人工干预。平台通常分为数据采集、数据分析和知识管理三个部分。数据采集部分提取历史和现有的数据收入系统。第二部分是数据分析，用于建模数据和比较设备当下与先前记录状态，来检测任何可能导致失败的模式。第三部分的重点是通过仪表向操作人员显示有意义的数据。人工智能平台可以帮助组织预测时间序列和分析预测失效背后的原因，以及识别不良的成本支出的异常。平台为操作人员提供了一个简单易用的仪表板，其中包含每台机器运行状况的评分，这使得识别设备的性能好坏并维护它们很容易。平台提供了近乎实时的关于潜在问题和事件的信息服务，包括分析位置、时间、天气数据和历史数据等信息。例如，智能电表可以识别住宅公寓的漏水和管道爆裂，从而提高系统的效率。智能电表已经将泄漏量和成本降低了20%。水务公司正在实施管理和分析安装在水系统上的传感器数据，如流量、水位、体积累加器、压力和水质。

人工智能将重塑水资源管理行业。任何水务行业人工智能项目的第一步都是建立规则，确定需要收集哪些数据。毕竟，数据质量是创造一个可运行的人工智能系统的最重要因素之一。利用人类在人工智能和水资源管理方面的专业知识，以前所未有的效率管理水资源。大量在线智能化水环境监测技术正在不断出现，如杭州生态环境监测人工智能实验室，建设了全流程的自动监测分析系统，实现了样品从任务下达到样品前处理、测试、数据分析报送的全流程、全方位、全自动监测。

人工智能水务建设是促进和带动水务现代化、提升水务行业社会管理和公共服务能力、保障水务可持续发展，实现水务智慧化、水务服务社会的重要途径和必然要求。水务智能感知网建设应采用水量和水质监测相结合、在线自动化监测和人工检测相结合、驻站监测和移动监测相结合的模式，对自然水循环的降水、地表径流、水面蒸发土壤下渗、地下径流等自然水循环过程和水源、取水、输水、水厂、供水管网、用水、水质净化厂、排水、再利用的社会水循环的所有环节的涉水要素和工程进行及时、全面和准确的监测，并实现数据联网接入，达到监测对象信息内容全覆盖、循环过程全贯穿、监测时间全天候的目标。人工智能水务建设的目标是构建水务数据存储、管理、交换、服务等功能为一体的水务大数据中心，形成持续稳定的数据更新机制，满足城市水务相关业务数据和水务数据统一开发利用的需要，为城市水务管理及数据共享提供标准统一的数据支撑。

3.3　水环境保护机器人

3.3.1　自主仿生水环境监测机器人的设计

该机器人是为了监测大型水体污染而设计。这款仿生机器人由一系列可扩展的化学、物理和生物传感器组成，以水生动物的形式建造。本质上自主仿生水环境监测机器人是一种可以移动的自动驾驶潜艇。仿生水环境监测机器人完全不干涉测试程序，彻底改变了水环境监测的模式，同时降低了监测成本，提高了覆盖区域。自主仿生水环境监测机器人不需要派监测人员到现场手工测试水样，并带回实验室进行测试和分析，而是在现场采集样本并进行分析，同时将数据传回基站计算机。

1. 技术特征

自主仿生水环境监测机器人采用了仿生机器人技术，模仿了鱼类特征。仿生机器人是一种模仿动物的运动和物理组成，以实现最大化效率的机器。鱼形机器人物理构成容易模仿，能够有效地应用到潜水机器人上。螺旋桨驱动的机器运行需要大功率输出，目前的旋转螺旋桨驱动设备在功率输出效率方面大约只能达到鱼类航行效率的一半。自主仿生水环境监测机器人可以根据感官输入以及测量模式选项进行自我引导，即为机器人设定一个预定义的路径和坐标以供其遵循。将传感器应用到自主仿生水环境监测机器人的模块中，可以让机器人同时测试多个组件，并利用感官输入进行自我引导。这项自主技术是该机器人的显著特征。

2. 设计结构

自主仿生机器人结构的关键部件包括：前舱、射频天线、头部单元、模块和柔性尾巴。从机器人的前部开始，有增加导航和计算能力的前舱。前舱里面安装有用于远程通信的射频天线。射频天线用于远程指挥和控制。主要的底层控制器都置于自主仿生机器人的头部单元。接下来是各类模块单元，其中包含各种传感器，包括"化学、物理和生物传感器"。自主仿生机器人的最后一个部件是柔性尾巴，它的机械摆动可以在水中提供推力。自主仿生机器人的可定制性就体现在活动模块的功能设置上。活动模块的数量可以根据模块的应用和可用性而增加或减少。为了让自主仿生机器人保持漂浮状态，每个模块都被设计成微浮力，整体密度接近水但略轻于水。模块内的每个传感器都可以进行个性化设置，以测量不同的污染物浓度、温度、pH 值等。内部单元包括控制板、电源板和供电板。控制板由两个可编程智能微控制器组成，各有不同的用途。控制器本质上是基于集成电路上的一台小型计算机。电机控制系统实现底层电机控制，而控制器的主要功能是收集本地传感器的信息，接受头部模块的命令，对本地传感器信号进行必要的反馈控制。供电板上有电池充电器，当采集外部电源时，电池充电器会自动为电池充电，并在模块中设置太阳能充电模块，在上浮到水面时，可以通过太阳能补充电能。供电板为模块的不同电子组件供电，包括不同电压等级的各类传感器。因为在水下工作，供电板和控制板都安装有泄漏传感器。头部单元的构成不包含动力。头部单元可以同步每个关节的动作，确保游泳顺畅。头部单元通过从头到尾运行的控制器区域网络总线与其他模块通信。总线可以比作人体的中枢神经系统，促进身体各部分之间的通信。总线的主要目的是让控制器能与整个系统进行通信，而不会对控制器造成过载。电源板安装在模块上，并安装有磁开关连接器，用于打开和关闭机器人。此外，机器还配置了一个带电源的端口，这个端口是一个物理电路，主要用于传输和接收串行数据，用于将处理器连接到计算机模块上。头部单元中的供电板与模块中的供电板是相同的。前舱和头部模块充当大脑，控制鱼一样的机器人的移动和导航，而其他单元是用来放置各种传感器的。尾部可以帮助向前推进。在这项技术的基础上，集成了研究污染的传感装置，最终目标是探测水中的重金属等污染物。用可定制的、可互换的污染监测单元建造的主体使得它在许多情况下及不同水体中都具有适应性和实用性。

3. 工作模式

自主仿生机器人是一个可持续的解决方案，因为它可以自主工作，而且也是高度定制化的。自主仿生机器人的遥感和数据收集技术将允许研究人员决定哪些水体应该成为优先处理的对象。它的可扩展结构使自主仿生机器人能够针对其结构中的每个特定区域进行修改，并在开发新技术时添加新技术。

目前有多种方法用于监测水中的污染物，其中许多方法可能非常耗时，并影响可能正在进行的潜在研究。许多测试都需要采集样本，有时甚至需要在现场进行测试。为了检测水中的不同指标，需要完成各种各样的不同测试。例如，为了确定溶解氧的浓度，水样品中的五日生化需氧量指标测试通常需要 5 天时间，生物测定试验需要 5 天才能完成。在这种时间长度甚至更长时间的测试中，必须采取措施防止样品在运输过程中受到污染。

自主仿生机器人在其可切换模块内自行完成多种测试。自主仿生机器人可以在无人在场的情况下收集并报告检测结果。自主机器人在运行中不需要人控制，可以跟踪和绘制水体中水污染区域。利用自身携带的绘图模块，自主仿生机器人被送到特定的地点收集水下地形数据，并收集大量水文和水质数据。

自主仿生机器人软件系统中安装有机器人跨平台中间件。自主仿生机器人系统使用的两个中间件，一个在基站计算机上，一个在自主仿生机器人上。

基站计算机上的中间件通过无线网与自主仿生机器人上的中间件进行通信。在将新的软件模块实现到自主仿生机器人之前，必须经过一系列广泛的测试，用来确定模块的稳定性等。

最重要的部分是传感器。没有传感器的模块是空的，这便于研究人员和科学家可以设计和开发自己的传感器。该系统可以设计应用各种各样的传感器，比如 pH 传感器和生物传感器。自主仿生机器人使用的 pH 传感器并不是一个标准 pH 传感器。这种传感器体积小、灵活，基于氧化铱纳米颗粒实现定量分析。pH 传感器是采用分层技术制作的，可以使用 3D 打印实现。pH 传感器由氧化铱纳米颗粒和氧化铟锡箔片上的聚合物交替组成。传感器具有重现性和稳定性。

目前已经得到应用的一种生物传感器中充满了微小的轮虫。这些微小的生物目前在化学和环境研究中非常受欢迎，因为它们对污染物非常敏感。轮虫的活动会受到水的毒性的影响。在这个模块中，有两个容器，里面装着轮虫，这两个容器的区别就是其中一个容器装满了干净的水，而另一个容器装满了自主仿生机器人实际采样环境中的水。装着干净水的容器作为轮虫运动的对照组，这样就可以比较净水和其他水中轮虫的运动状态。

自主仿生机器人被设置了三种移动模式，包括监测模式、自主导航模式和远程模式。在监测模式下，机器人遵循预定的路径巡航，必须通过固定的航路点。在自主导航模式下，机器人可以航行，它根据感觉输入来引导自己的运动和采样。这些数据可以被存储，也可以让外部观察者使用天线远程驱动机器人。尤其在紧急情况下，使用手动覆盖命令，可以将机器人驾驶到安全区域或脱离危险。自主仿生机器人能够根据分析的数据做出导航决策，这意味着它能够追踪污染的源头，指导相关人员处理或处置污染问题。在污染地区污染原因不明的情况下，这可能会非常有用。

如果自主仿生机器人能够被大规模生产，这些机器人就可以被放置在世界各地的水体中，并在发生重大环境或健康风险事件之前发现污染问题。将未来的传感器甚至净化技术应用到有效的仿生自主仿生机器人结构上，将为监测和处理水污染提供一种更容易的方式。也许将来还可以配置污染处理模块来直接处理污染物。

3.3.2　水环境保护机器人的系统应用

到目前为止，机器人技术对污水处理行业影响非常大。污水处理厂开发的机器人技术，用于检查污水池和污水系统的机器人技术，以及用于污水处理厂室外区域维护的机器人技术，有潜力改善员工的工作环境，并使污水处理更便宜和更高效。

水处理系统必须防止泄漏，目前手动检查效率很低，而且成本很高。机器人可以用来检测泄漏，这就是为什么越来越多的工厂开始使用工业机器人来自动完成有关的维护过程。管护器通过扫描管道来发现潜在的泄漏，由于系统通过一条管线运行，因此机器人可以对其状况更仔细地观察。工作人员可以快速确定泄漏点和未来可能的破裂点，在它们产生更大的问题之前修复它们。

生化系统智能控制技术、按需曝气工艺包、高级氧化工艺包三类人工智能产品已有中国企业研发并投入生产运营❶。其中生化处理全系统智能控制技术借助工艺智能机器人"北控小蓝"，实现了生化系统运行的无人值守。水、泥、气、药工艺中参数的智能控制达到运行专家的控制水平，节省了运行的电耗和药耗，降低电耗 10%~20%，降低药耗 20%~90%，提升了处理水质，提高了系统抗冲击能力。

---

❶ 北控水务 . 北控水务自主研发的智能机器人首度对外亮相 [EB/OL].（2021-08-24）[2022-11-19]. https://www.h2o-china.com/news/327013.html.

工业机器人在水处理行业的制造方面也发挥着至关重要的作用，机器人可以用来制造水处理基础设施。机器人比人类更精确，只要焊接状态良好，机器人就能对每一个焊接重复人类要求的精度。因此，它们可以生产出结构缺陷更少的水系统，确保长期耐用。污水处理厂要求锅炉、管道和其他基础设施能够防锈，并能持续使用数年而不降解。机器人焊接机是提供这种可靠性的理想解决方案。

　　机器人在人类难以到达的地方工作时非常有用，比如狭窄的市政水管，机器人可以执行访问和修复这些水管的任务，而无须面临人类通常面临的挑战。在大多数城市，老旧的管道已经成为一个紧迫的问题。这些管道的严重泄漏可能会导致数百个家庭的供水中断。由于老化和管道泄漏，导致损失大量的饮用水。传统的方法不仅对管道工有风险，而且服务质量也不持久，因为人很难接近管道的弯角，施工人员要靠挖沟来定位损坏的管段，这是修理漏水管道最昂贵的方法之一。此外，在郊区开槽施工是可能的，市中心却不适合。许多公司已经在制造能够在人类不容易进入的领域工作的机器人修理老化水管。机器人在管道维护方面的好处很多。管道机器人不仅能节省数吨水，还能让修理破损的管道变得更容易。与传统方法相比，应用机器人需要更少的资源来维护泄漏的管道。维修机器人可以快速进入水系统，通过线路，直到找到泄漏点。它可以用坚硬的加固材料在渗漏区域上贴补。依靠安装在机器人头上的无线摄像头，在上面工作的专家将能够看到机器人的方向。机器人将向专家希望它移动的方向移动。摄像头同时用来检查地下水管的泄漏类型。根据泄漏的类型，为机器人配备必要的工具来解决问题。例如，阀门的故障可能需要新的控制阀，机器人将携带新的阀门去替换坏的阀门。

　　机器人进入下水管道还可以研究排水管道系统对气候变化和公共卫生的影响。机器人可以分析管道中的细菌、病毒和化学物质。这些机器人使用远程上传数据的采样仪器，将能够以比人类更快的速度收集更多的样本。科研人员通过机器人取样来收集和分析未经处理的污水，并将数据发回实验室。

工业机器人在水系统中的最新用途之一是疾病追踪。研究人员发现，许多疾病的病毒会在污水中留下痕迹，这可以帮助跟踪和预测当地的疫情。机器人可以比非自动化过程更快地进行分析，从而使反应更快。

机器人技术正在从监测、预警、决策、控制和治理多个方面推动全球的水环境保护事业的发展，应用机器人技术是人工智能时代环境工程创新的必然趋势，未来将会迎来机器人在水环境保护中的更广泛深入的应用模式，创新将渗入到水环境问题的各个领域。

第4章　人工智能时代的大气环境工程

4.1　传统的大气环境污染与控制

4.1.1　大气系统与自净

天气模式决定了空气污染物如何在对流层中分散和移动，从而决定了人们吸入的特定污染物的浓度或沉积在植被上的污染物的量。空气污染问题主要涉及三个方面：污染源、污染物的移动扩散和接受者。环境工程通过利用一些基本的气象学规律，能够近似地预测空气污染物的扩散。

污染物的循环方式与大气在对流层中的循环方式相同。大气运动是由太阳辐射和地球及其表面的不规则形状引起的，这导致地球表面和大气对热量的吸收不均等。不同的加热和不同的吸收创造了一个动态系统。

气象条件是影响大气中污染物扩散的主要因素。人类历史上发生过的重大空气污染危害事件，都是在不利于污染物扩散的气象条件下发生的。为了掌握污染物的扩散规律，以便采取有效措施防治大气污染，必须了解气象条件对大气扩散的影响，以及局部气象因素与地形地貌状况之间的关系。在气象学中，气象要素是指用于描述物理状态与现象的物理量，包括气压、气温、气湿、云、风、能见度及太阳辐射等。这些要素都能从观测中直接获得，并随着时间经常变化，彼此之间相互制约。不同的气象要素组合呈现不同的气象特征，因此对污染物在大气中的输送扩散产生不同的影响。其中风和大气不规则的湍流运动是直接影响大气污染物扩散的气象特征，而气温的垂直分布又制约着风场与湍流结构。大气污染扩散是大气中的污染物在湍流的混合作用下逐渐分散稀释的过程，主要受风向、风速、气流温度分布、大气稳定度等气象条件和地形条件的影响。有效预防大气污染的途径，除了采用除尘及废气净化装置等各种工程技术手段外，还须充分利用大气的湍流混合作用对污染物的扩散稀释能力，即大气的自净能力。污染物从污染源排放到大气中的扩散过程及其危害程度，主要取决于气象因素，此外还与污染物的特征和排放特性及排放区的地形地貌状况有关。实际上，大气污染物在扩散过程中，除了在湍流及平流输送的主要作用下被稀释外，对于不同性质的污染物，还存在沉降、化合分解、净化等质量转化和转移作用。虽然这些作用对中、小尺度的扩散为次要因素，但对较大粒子沉降的影响仍须考虑，对较大区域进行环境评价时净化作用的影响不能忽略。大气及下垫面的净化作用主要有干沉积、湿沉积和放射性衰变等。

水平风运动通常是用风速来衡量的，风速数据被绘制成风向图。当地球大气中的一小块空气通过大气上升时，它的压力会降低，从而膨胀。这种膨胀降低了气团的温度，因此空气上升时就会冷却。干空气上升时冷却的速率称为干绝热递减率，它与周围空气温度无关。空气上升时冷却的实际测量率称为普遍气温递减率或环境温度递减率。普遍气温递减率与干绝热递减率之间的关系，本质上决定了空气的稳定性和污染物扩散的速度。当普遍气温递减率与干绝热递减率完全相同时，大气具有中性稳定性。大气自我净化的过程包括重力的影响、与地球表面的接触和降水的去除。对于空气中的微粒说，如果微粒的直径大于 1 mm，就会在重力的影响下沉淀下来，汽车尾气中的碳颗粒就是一个很好的例子。然而，大多数空气污染物的颗粒都足够小，以至于它们的沉降速度是大气湍流、黏性、摩擦以及重力加速度构成的函数，沉降速度可能非常慢。直径小于 20ppm 的粒子很少会因为重力而沉降。只有当污染气体被吸附到粒子上或凝结成微粒物质时，污染气体才会被重力沉降除去。例如，三氧化硫与水和其他空气中的微粒凝结形成硫酸盐颗粒。许多大气气体可被地球表面的物质吸收，包括岩石、土壤、植被、水体等。像二氧化硫这样的可溶性气体很容易溶于地表水，这种溶解会导致水体的酸化。

4.1.2 大气环境质量监测

空气污染是由排放到空气中的气体和控制这些气体扩散的气象条件造成的。大气污染是一个很复杂的现象，受很多方面因素的影响，这对空气监测提出很高的要求。大气环境质量的降低是由于城市的不断发展而引起的，由于发展需要，大量的污染物被排放到大气中，这些污染物成为大气质量监测的主要监测对象。目前主要的大气污染物有总悬浮颗粒物、二氧化氮、二氧化硫、一氧化碳、臭氧、粒径小于等于 10 μm 的颗粒物、氮氧化物、苯并（α）芘、铅等。其中，总悬浮颗粒物包括飘浮在空气中的固态颗粒物和液态颗粒物，颗粒物越小（这里指动力学直径），越容易被人们吸入到体内，对人体健康造成危害。空气中的硫氧化物对空气的污染很严重，例如二氧化硫是一种无色有刺激的气体，由于二氧化硫的原因形成的工业烟雾、酸雨以及气溶胶对环境和人体的危害是十分严重的。

污染物主要是通过风移动的，所以风力小就会导致扩散不佳。雾霾会促进次生污染物的形成，并阻止太阳加热地面。在某种程度上，可以根据气象数据预测空气污染事件。环保部门也会实施早期预警系统，采取行动减少污染物的排放，并尽可能在预测的污染事件发生前采取紧急措施，包括对机动车限行和企业等停产等较严格的临时控制措施。

空气质量监测旨在确定人类呼吸的大气中所有类型的污染物的水平，而不是试图区分自然发生的污染物和由人类活动造成的污染物。污染源气体样品通过烟囱或排气口抽出来进行现场分析。像汽车这样的移动源是通过对发动机在负载下运行和工作时的尾气排放进行采样来测试的。

气象测量包括对风速、风向、递减率等气象因素的测量，对于确定污染物如何从源头扩散是必要的。通常是对一个地区大气中的主要污染物进行布点观测，由此评价大气环境质量的过程。大气质量监测通常根据一个地区的规模、大气污染源分布情况和源强、气象条件、地形地貌等因素，在这一地区选定几个或十几个具有代表性的测点（大气采样点），进行规定项目的定期监测。

我国规定的大气质量监测项目有二氧化硫、二氧化氮、二氧化硫、一氧化碳、臭氧等。此外，可根据区域大气污染的特点，选测苯并（α）芘、铅、粒径小于等于 $10\mu m$ 的颗粒物、总悬浮颗粒物、氟化物等项目。监测人员根据监测结果，对照《环境空气质量标准》（GB 3095—2012）进行评价，从而得出区域大气环境质量优劣的结论。

4.1.3　大气污染减排与控制

为了应对大气污染，必须制定相关的污染物减排政策和采取减排措施。大气污染减排与控制是一个复杂的系统工程，涉及多种类型固定源和移动源的综合减排。因此，必须根据大气环境质量的具体要求和相应的经济技术条件等，有针对性地选择污染控制技术，并与工业、建设和交通等相关产业的规划及管理工作密切结合，以实现最经济、高效的污染物排放整体效果，创造建设和谐社会所需的清洁的大气环境。

减少污染物排放有多种举措，包括：①改革能源结构，采用无污染能源（如太阳能、风力、水力）和低污染能源（如天然气、沼气、酒精）。②对燃料进行预处理（如燃料脱硫、煤的液化和气化），以减少燃烧时产生污染大气的物质。③改进燃烧装置和燃烧技术（如改革炉灶、采用沸腾炉燃烧等）以提高燃烧效率和降低有害气体排放量。④采用无污染或低污染的工业生产工艺（如不用和少用易引起污染的原料，采用闭路循环工艺等）。⑤节约能源和开展资源综合利用。⑥加强企业管理，减少事故性排放和逸散。⑦及时清理和妥善处置工业、生活和建筑废渣，减少地面扬尘。

绿化是城市空气净化的重要手段，植物具有美化环境、调节气候、截留粉尘、吸收大气中有害气体等功能，可以在大面积的范围内长时间、持续地净化大气。尤其是大气中污染物影响范围广、浓度比较低的情况下，植物净化是行之有效的方法。在城市和工业区有计划、有选择地扩大绿地面积是大气污染综合防治具有长效能和多功能的措施。

利用环境的自净能力也是实现大气污染控制的一种重要途径。大气环境的自净有物理、化学作用（扩散、稀释、氧化、还原、降水洗涤等）和生物作用。在排出的污染物总量恒定的情况下，污染物浓度在时间上和空间上的分布同气象条件有关，认识和掌握气象变化规律，充分利用大气自净能力，可以降低大气中污染物浓度，避免或减少大气污染危害。例如，以不同地区、不同高度的大气层的空气动力学和热力学的变化规律为依据，可以合理地确定不同地区的烟囱高度，使经烟囱排放的大气污染物能在大气中迅速地扩散稀释。

4.1.4　工业生产中的空气污染物控制方法

从理想气体分子到直径几毫米的宏观粒子，污染物颗粒的大小在数量级上都不同。正确选择处理装置需要使污染物的特性与控制装置的特性相匹配。污染物的化学行为也可能决定控制过程的选择。工业上空气污染控制可以分为工业气态污染物的污染控制和工业颗粒物的污染控制。

工业气态污染物的污染控制方式包括气体吸收、冷凝、催化转化、吸附、膜分离等。工业废气成分通常包括一氧化碳和挥发性有机化合物，通过一个或多个烟囱排放的废气比较容易收集，但是从窗户和门、墙上的裂缝以及部分加工材料现场运输过程中扬起的灰尘等类污染物却难以收集。待处理的废气有时对控制设备来说太热，必须首先冷却。冷却也可以使某些污染物的温度降到凝结点以下，从而它们可以作为液体收集。稀释、淬火和热交换，都是可接受的冷却方法。淬火的一个优点是可以清除一些气体和颗粒物，但可能会产生一种本身需要处理的热液。采用气体吸收塔处理有害气体(如用氨水、氢氧化钠、碳酸钠等碱性溶液吸收废气中二氧化硫；用碱吸收法处理排烟中的氮氧化物)。可应用其他物理方法（如冷凝）、化学方法（如催化转化）、物理化学方法（如分子筛、活性炭吸附、膜分离）回收利用废气中的有用物质，或使有害气体无害化。气态污染物可以通过从输出气流中捕获其并改变其化学性质，或通过改变产生污染物的过程来去除。

工业颗粒物的污染控制主要是利用各种除尘器去除烟尘和各种工业粉尘。在空气污染方面，由于产生的污染物要从空气中分离出来，这种回收称为分离效率或收集效率。旋风除尘器是一种工业上常用的、经济有效控制颗粒物的方法。单独的旋风除尘器通常不足以满足严格的空气污染控制规定，但可作为控制装置如袋式除尘器或静电除尘器的预除器。工作原理如下：空气从底部偏离中心进入旋风筒，因此在旋风筒内产生了强烈的空气涡流，粒子以离心方式向外加速，朝向筒壁，壁面的摩擦减缓了颗粒物的速度，颗粒物滑到底部，可以被收集起来。清洁空气从圆锥体顶部的中心排出。旋风除尘器对于大颗粒的收集是相当有效的，并被广泛用来进行第一级除尘。

织物过滤器除尘的基本机理被认为与砂过滤器在水处理中的作用类似。由于表面力的作用，灰尘颗粒黏附在织物上，从而形成截留。粒子通过冲击或布朗扩散与织物接触。喷雾塔或洗涤器可以有效去除较大的颗粒。

还有一种更高效的除尘器为湿式除尘器，水被引入到狭窄管径，机械离心作用促进空气和水的接触。通常情况下，碰撞越猛烈，气泡清洗效果就越好。虽然湿式除尘器非常有效，可以捕获气态污染物和非常细的颗粒物，但它们也有缺点，就是除尘器会使用大量的水，这些水或需要进一步处理，或在用于洗涤废气后被排放。

静电除尘器在需要处理大量气体和不适宜使用湿式洗涤器的情况下被广泛应用于捕捉细颗粒物。燃煤发电厂、冶炼厂和焚化炉都经常使用静电除尘器。在静电除尘器中，当负电荷气体流通过高压导线时，通常带有较大的负直流电压，颗粒同时会被去除。这些粒子在通过这些电极时会带电，然后通过静电场迁移到接地的收集电极。脱硫除磷的除尘设备已经得到大范围推广。

工业上将污染物从源头进行处理的方式是非常有效的，但是很多分散的污染源仍在大量排放污染物进入大气。因此，大气环境保护仍是一项极其艰巨的工作，改善空气质量任重道远。

4.2　人工智能时代的大气环境污染与控制

4.2.1　人工智能下的空气环境监测

一旦城市的空气污染指标超过了规定的颗粒物和气态污染物污染限值，就会对人类健康有害。空气质量问题正在许多地区造成公共卫生问题，因为呼吸被污染的空气会增加患疾病的风险，如肺癌、中风、心脏病和慢性支气管炎。空气污染现在是世界上第四大致命健康风险。空气污染不仅是一种健康风险，也是一种经济负担。污染造成疾病和人类过早死亡，降低了生活质量；污染还造成生产力损失，减少了全球产出和收入。空气质量是政府、监管机构、城市管理者和公众面临的全球性挑战。许多政府在改善空气质量的政策和解决方案上投入了大量资金，并希望解决空气污染问题。为了实施有效的政策和干预措施，人们越来越重视了解空气污染的程度和原因。大型空气质量监测设备通常永久安装在人流相对较少的固定地点并进行专业维护。这使得居民很难了解他们在日常生活中所经历的污染程度。

日益复杂的大气污染状况正在对传统的大气污染源监测方式提出挑战，传统的环境空气监测系统监测点位数量有限、成本高昂，以点代面的方法导致时效性不足，达不到精细化管控的目标，且无法实现对监测体系中时空动态趋势分析、污染减排评估、污染来源追踪、环境预警预报等能力的深度挖掘，给环境监测方法提出了更多求新求变的要求。特别是在如今的信息互联时代，环境监测的方法应该紧紧贴近时代发展，将先进的技术与环境监测治理结合起来形成环境监测网络，实现污染源监测全覆盖和全面治理。

依托生态环境监测网络的大气环境监测设备可提供高密度网络化布局、多参数多模块、低成本集成性微型环境监测系统，通过搭建高分辨率、高覆盖率的大气污染监测网格化平台，结合信息化大数据应用，实现污染来源及时追踪、预警报警等功能，为环境污染防控治理贡献及时有效的数据支持和决策分析。微型空气质量监测站由气体监测模块、颗粒物监测模块、气象参数传感器组成，可以监测包括二氧化硫、二氧化氮、一氧化碳、臭氧、PM10、PM2.5等多项污染物参数，同时还能实现对温度、湿度、风速、风向等多项环境参数数据的监测收集和整理。

大数据分析和机器学习，可以应用于以上这些数据和相关数据集，并结合天气和交通状况，来分析空气污染的原因和波动。虽然这些低成本、易于部署的物联网解决方案并没有完全取代现有的监控网络，但它们提供了额外的好处，可以提高大气能见度，以及掌握污染点的早期迹象，让居民有机会避开这些地区。这些新产品和服务帮助城市连接其基础设施、监管部门和公众，以应对当前的空气质量挑战。空气质量监测和控制市场有很好的前景，它包括空气污染监测和控制设备、物联网传感器和物联网解决方案在内的几项技术的集成，每项技术都有相当大的独立增长潜力。人工智能、大数据和物联网技术的进步，加上新兴的移动物联网通信技术，为移动运营商从空气质量数据产品、服务和解决方案中开发新的收入创造了机会，使其有主观意愿把这件事情做好。

智能城市的空气清洁将传感器技术、物联网和人工智能的力量结合起来，获得可靠和有效的环境数据，并为更好、更环保的决策提供依据。人工智能可以用来提高城市的可持续性和生活质量，人类将研发空气污染问题的人工智能解决方案，基于人工智能的遥感卫星、无人驾驶飞行器及专用于监测空气污染物的自动车辆，可以对大气进行长时间动态监测。

环保管理部门通过人工智能、环境大数据等技术，筛选出重点污染区域，划分成网格。应基于高分辨率气象数据、多来源卫星遥感数据，结合布设的高密度空气质量监测设备提供的数据，进行大数据分析和人工智能计算，建立高时空精度的天空地一体化的三维立体空气质量监测体系，全面感知空气质量状态，精准锁定污染源头，为政府提供更为精细化的溯源及达标监管。

4.2.2　人工智能下的空气环境质量预测

面对日益严重的环境污染问题，在监测数据的基础上开展空气污染的预测非常重要。因此，在充分认识到日益增加的污染衍生问题的情况下，准确预测空气污染物水平，在空气质量管理和人口防治污染方面发挥着重要作用。建立每小时空气质量预测模型，使用机器学习方法，如支持向量机，可以用于预测每小时每种污染物和颗粒物污染的数据，也可以用于预测每小时的空气质量指数。

各种大气污染物从源头直接排放到大气中。这些污染源既可以是自然过程，如沙尘暴，也可以是人类活动，如工业污染和车辆尾气排放。最常见的主要污染物是二氧化硫，颗粒物、二氧化氮和一氧化碳。二次污染物，是主要污染物之间通过化学或物理相互作用在大气中形成的空气污染物。包括光化学氧化剂和二次颗粒物。

常见的空气污染物如一氧化碳、二氧化硫、铅、地面臭氧，这类污染物与许多健康问题之间存在关联，比如健康人的气道炎症、哮喘患者的呼吸道症状增加，尤其是儿童和老年人的呼吸道紧急情况，等等。

环境保护部门已经就这些污染物的允许排放水平制定了标准。空气质量指数是衡量空气的清洁程度或不健康程度的指标。它关注的是暴露在污染空气中数小时或数天内对健康的影响。建立一个基于单个污染物浓度水平的预测系统，每小时预测空气质量，对人们的健康更有用。建立能够根据空气质量产生预警的系统是必要的。当空气污染水平可能超过指定水平时，它们在健康警报方面能发挥重要作用；此外，整合现有的排放控制方案，例如，允许环境监管机构选择"按需"减排和运营规划，甚至应急响应，可以有效降低污染。

自回归综合移动平均模型是预测时间序列最重要和应用最广泛的模型之一。由于其统计特性、对广泛过程的表示适应性以及可扩展的能力而获得了很高的普及。自从人们开始关注城市地区的空气质量和生活质量以来，像这样的统计方法被广泛用于预测空气污染物和空气质量的水平。自回归综合移动平均模型预测空气污染指数月均值的能力，表明它可以产生低于 95% 置信水平的预测。

随着可供分析的历史数据数量的不断增加，以及在不同科学领域进行更精确预测的需要，机器学习模型引起了关注，成为一种可以取代时间序列预测中更经典的统计模型的解决方案。其中，机器学习算法被广泛应用于空气质量的预测。由于涉及污染物浓度及部分已知动力学的高度非线性过程，很难建立一个能够预测这类事件的模型。机器学习模型是非参数和非线性模型，利用历史信息来了解数据之间的隐藏关系。机器学习方法，如人工神经网络、遗传规划和支持向量机，在预测具有高度非线性的时间序列时，已经证明优于自回归综合移动平均模型。

多元回归分析的结果表明，当数据集的波动性较大时，人工神经网络的性能优于传统统计方法。该模型具有较高的泛化能力，在预测每小时空气污染物浓度时，将多元线性回归模型得到的结果与人工神经网络得到的结果进行比较，人工神经网络会产生更稳健的结果。支持向量机可以预测时间序列，因此支持向量机模型也被用来预测每日或每小时的空气质量和污染物水平。

　　基于模糊逻辑和神经网络的人工智能技术经常被同时应用。将这两种范式结合起来的原因，来自于每一种孤立范式的困难和固有的局限性。人工神经网络和模糊推理系统的结合吸引了越来越多的科学和工程领域的研究人员的兴趣，因为这些自适应智能系统可以用来解决大量不同领域的复杂问题。人工神经网络通过学习算法调整网络连接权值，构造客观世界的内在表示。信息储存和处理包含在网络的链接当中。而模糊推理系统是一种基于模糊集理论、模糊规则和模糊推理概念的流行计算框架。模型的结构采用神经模糊结构，并采用反向传播学习算法。基于对确定的工业污染源的二氧化氮或二氧化硫的测量开发模糊控制器，可以预测城市区域二氧化氮或二氧化硫的变化。在分析预警方面，大数据分析系统、云计算平台会综合分析大量卫星数据、地面物联网监测点数据，可提前布置预警工作，靶向追踪污染源。

　　空气质量数据的准确计算不仅需要将现有的空气监测基础设施与卫星数据相结合，还需要考虑交通、建筑、垃圾焚烧、工业污染源分配、人口密度等人类活动。输入地理信息系统数据的人工智能可以利用上述因素来精确计算空气质量数据的地理空间插值。这种方法的优点是它提供了接近实时的高时空分辨率的分布式覆盖。人工智能技术还被用来识别污染来源、分析能见度、分析雾霾。通过了解污染源，人工智能可以进一步用于跟踪和预测空气污染的变化。

　　人工智能还可以帮助模拟污染物之间的化学反应。大气传输模拟系统等算法有助于分析 PM2.5 浓度。此外，先进的算法有助于预测雾霾、能见度，观察气象干预效果以及更好地管理空气质量。通过计算监测时空气污染物的实时物联网传感器数据，可以创建动态可视化的空气质量分布图和预警系统，并可以借助机器学习算法进行预测建模，确定最严重的污染热点。

4.2.3 人工智能下的大气环境质量控制

基于人工智能的环境质量分析系统，包括人工神经网络和基于规则的专家系统相结合的环境质量分析系统。空气污染分析对环境和人口健康的影响用于环境决策支持系统，以管理各种环境质量异常（如环境污染），并向公众通报环境质量状况，同时有针对性地开展污染物控制排放措施以改善环境质量。

人工智能与物联网技术结合，同时结合卫星图像，可以实时精确追踪每一个发电厂和各类工厂产生的空气污染（包括碳排放），并将数据公开。设计这类系统可以有效消除排放数据的监测错误和排放欺骗行为。对环境颗粒物控制设备，特别是静电除尘器的操作对最终排放的空气质量影响非常大。电厂燃烧各种各样的低级别和高级别化石燃料，依赖于上游过程（如选择性催化反应器和锅炉）的协同作用，会共同影响最后的污染物排放浓度。利用机器学习和人工智能算法来提高静电除尘器的效率和性能，是综合上游过程作为模型参数的整体方法。神经网络和随机森林的机器学习算法中，输入的偏导数、扰动系数等对模型非常重要。包括将随机森林和神经网络算法应用于静电除尘器，将模型扩展到包括选择催化反应器和空气加热器等上游工艺参数，可以提高除尘器的效率，并有效地减少污染物的排放。在污染治理方面，人工智能技术还可以实现空气环保设备的智能化调控。比如工厂智能除尘系统，依靠传感控制技术和网络通信设备，通过收集工艺设备实时工况及除尘系统的工作状态，以及经过网络通信与大数据分析获得最优运行参数，从而实现在烟尘收集、过滤效果、系统稳定性、能源消耗与再利用、科学保养维护、使用寿命等各方面自主优化调节的先进除尘技术。智能设备使得前期监测、数据分析、中端治理走向一体化，整个治理过程更便捷。根据空气质量预测，企业还可以调整污染物排放水平，以确保空气质量保持在健康水平。

通过将智能技术添加到能源网络中，可以优化能源分配。智能恒温器可以调节何时减少加热，智能电器可以在不需要的时候减少能源的使用。可再生能源技术的改进总体上可减少空气污染。

管理部门可以利用空气质量数据和预报，提供可视化的手机提示信息，在空气质量不好时提醒人们，并建议他们戴口罩，避开某些区域或采取其他预防措施。空气污染与许多健康问题有关，人工智能可以帮助跟踪有关个人健康指标，建议人们避免接触危险水平的空气污染，同时帮助减轻健康风险并协助药物开发。为了加强治疗，医生需要根据病人暴露在环境中的情况进行特定区域的临床试验。由于结果可能不同，人工智能可以通过观察样本并将其推广到一般人群，开发特定地区的药物和数字疗法等，帮助人类做好应对空气污染影响的准备，从而帮助建立差异性的模型。

近年来，二氧化钛作为光催化剂喷洒在沥青路面上改善空气质量，受到了广泛的关注，它可以通过光催化过程净化环境空气。为了控制日益恶化的环境空气质量，适当的空气污染风险评估是必要的。然而，在实践中，由于空气污染问题的复杂性和非线性性质，很难监测各种操作条件下的所有过程参数。因此，利用预测空气污染物浓度的模型提供早期预警，并减少测量地点的数量以提高效率，可以指导二氧化钛喷洒设备的使用。采用人工神经网络和去噪模型可预测二氧化钛在人行道表面应用前后空气中氮氧化物浓度的变化，输入数据包括交通计数数据及气候条件如湿度、温度、太阳辐射和风速。这些模型对于建模非常有用，因为它们能够使用历史数据进行训练，并且能够构建高度非线性的关系模型。在训练、验证和测试步骤中，对氮氧化物测量数据进行拟合。结果显示，交通水平、相对湿度和太阳辐射对光催化效率的影响最大。

总而言之，人工智能在大气污染控制的不同领域得到应用已经成为帮助解决空气污染的一种手段。它可以帮助人们更好地监测大气污染物，确定其来源，预测污染，并应用逻辑解决问题；还可以为政府和组织提供保护大气环境的策略，以优化其运作并减少环境污染的影响。随着物联网的普及，人类会拥有更多的环境监测数据。太阳能等清洁能源解决方案的成本也在下降，效率和普及程度却在提高。

4.3　空气污染控制中机器人的应用

利用无人机等自动机器人正成为未来人类主动消除空气污染的手段，自主性和可移动性动态消除大气层中的各类污染物将是未来治理空气污染的趋势。

4.3.1　空气污染监测与无人机控制系统的设计

环境无人机是用于特定地理区域地面以上高度的污染监测、检测和治理的程序化自主无人机，可生成覆盖区域的空气质量健康指数地图，用于环境数据监测和长期分析。空中系统设计目的通常是进行空气的污染监测。利用无人机进行空气污染监测和污染物动态消除，未来将会投入应用实现污染控制。无人机作为一种空中机器人系统，能够自动获取特定站或地点的相关天气数据，在获取环境数据的位置设置一个基站。该基站由一个紧凑的太阳能电池板组成，其电源配置有无人机的充电泊位，在空气数据采集间隙为无人机提供持续的电力供应。监测空气污染物的主要方法是使用气体传感器。每一种空气污染物的浓度都是由不同的传感器测量的，配置了分别用于测量二氧化碳、一氧化碳、氨气、二氧化硫、臭氧和二氧化氮等气体的传感器，并每周对每个传感器进行校准。系统自动校准时间，并在获取空气监测数据的间隙每周向传感器发送一次重新校准命令。空气污染物传感器的设计和制造主要是为了在稳定的环境中使用，如固定在地面上，并且对环境的变化非常敏感。须改进使机载空气污染传感器免受无人机的电子干扰，以确保精确的测量。

空气净化无人机可以直接减少环境中的空气污染物。一方面，无人机可以通过配置净化器模块吸收过滤污染空气，由于单个无人机电量的限制，该功能需要监测无人机呼叫净化无人机蜂群来实现，使用成本较高，可用来进行应急的空气污染事件的紧急处理。另一方面，空气净化无人机可以通过直接向大气中喷洒水和化学物质来分解污染物，如将羟基离子、羟基自由基、氧原子（带负电荷）和负离子喷洒在环境中，从而通过空气净化器无人机将污染物从环境中分离出来，包括灰尘颗粒、细颗粒物、氮氧化物、硫化物和一氧化碳等污染物。通过整个过程，可以截断对环境的污染。

4.3.2　净化空气的机器人的应用

自工业革命以来，世界各地的城市都经历了深刻的变革。住宅区、商业场所和道路成了城市的风景。很多城市地区缺乏树木和整体植被，加上人口和日常活动日益集中，造成了严重的空气污染。树木可以通过遮阳和降低温度来改善空气质量。树木遮蔽建筑物和房屋，减少了空调的使用，从而减少了温室气体的排放。树木的另一种作用是直接清除空气中的污染物。树木不仅可以吸收二氧化碳并释放氧气，还可以通过树叶过滤二氧化硫和二氧化氮等污染物。一般来说，树木可以有效地清除环境中的颗粒物，但并不是所有的树木都可以用同样的方法过滤颗粒物。这种差异很大程度上取决于冠层、叶片大小和结构。更大的树冠可以捕获更小的颗粒，更大的树叶比更小的树叶能捕获更多的污染物。此外，表面粗糙不平的叶片过滤颗粒物的效率更高。研究发现，叶子上的细毛在捕获由固体和液体颗粒组成的颗粒物方面起着重要作用。针叶树的树冠结构可以让它们高效地捕捉污染物。此外，针叶树是常绿树种，一年四季都能起到过滤器的作用。

除了可以作为自动空气净化器的人工绿化的树木和森林，在城市等人口密集的地区，可以设计应用机器树 ❶。安装在人工容器里的巨大的垂直方形苔藓可以利用光合作用来清洁周围的空气。树形机器人使用物联网技术和苔藓培养来减少周围地区的空气污染，过滤空气中的可吸入颗粒物和有害污染物。每棵树每小时可以过滤相当于 7000 人的空气使用量。这些装置中的苔藓可以吸收空气中的颗粒物和氮氧化物等污染物，并释放出清洁的空气。这种苔藓还能"捕捉"和"吃掉"可吸入颗粒物，实现种群增长，因此这种技术是可持续的、可再生的。

机器人可以在城市里自动巡航，用来净化空气。上海环境保护产业协会开始推广室内净化机器人 ❷。官方称其可净化甲醛等有毒气体。它还可以过滤空气中的微小颗粒，比如吸烟引起的颗粒。这款机器人的工作方式类似于吸尘器，可以释放负离子吸收空气中的有毒颗粒，同时消耗很少的电力。室内空气污染主要是由劣质的家居装饰和家具造成的。在一些工业城市，室外空气污染通过窗户进入家庭和办公室，使问题变得更糟。空气净化机器人搭载智能巡航净化系统，能够自主移动，完成对室内空气的净化工作，其滤芯能

❶ PAC D. Robot tree: An invention that can save millions of lives?[EB/OL]. （2019-08-16）[2022-10-08]. https://scienceinfo.net/robot-tree-an-invention-that-can-save-millions-of-lives.html.

❷ 赫赫. 家用除醛机器人，为净化真实的居家环境所设计 [EB/OL].（2021-12-30）[2022-12-19]. https：//zhuanlan.zhihu.com/p/451713345.

够吸附、过滤各种空气污染物（一般包括 PM2.5、粉尘、花粉、异味、甲醛之类的装修污染）以及细菌、过敏原等，有效提高空气清洁度。

随着人们越来越关注自己的生活质量，空气净化机器人的使用将成为一种趋势。西安建了一座 60 米高的"除霾塔"❶，实际定义为"大型太阳能城市空气清洁系统"，这是一座 60 米高的塔状建筑物，底部是半个足球场大小的玻璃温室。按体积来算，它相当于一座 30 层高的居民楼。该系统聚集空气并通过镀膜玻璃对空气进行加热，促使热气流上升，集热棚内设置过滤网墙，被污染的空气在通过过滤网墙时，可以滤除掉空气中的各种污染物和杂质。通过风机叶片的运转加速推动空气的流动，从而提升净化空气的效率。镀膜玻璃是由普通单层钢化玻璃的表面两侧喷涂化学光催化试剂加工而成，该催化剂可以有效地降低空气中的成霾因子—氧化氮及其他挥发性有机物的活性，从而提高除霾效果。单层双镀膜玻璃在夜间也可以工作。这种社区级的大型环境治理设备预计将会越来越多，人工智能必然会发挥出对大规模应用这种社区级除尘设备的智能管理的优势。

人工智能和机器人在大气环境保护方面的应用多样而广泛，人工智能机器学习水平的提高将使各种空气污染控制系统运行更可靠，给全人类未来带来一个更加美好的蓝天。

---

❶ 人民网 . 西安：建 60 米高"除霾塔"将改善空气质量 [EB/OL].（2018-01-22）[2022-12-11]. http://kjsh.people.cn/n1/2018/0122/c404389-29778413.html.

第5章 人工智能时代的
固体废物资源化

城市固体废物处理中，应当落实节约资源和生态文明建设的基本国策，实现固废资源化利用，发展循环经济，推动社会实现可持续发展。

5.1 传统的固体废物管理

5.1.1 固体废物来源

固体废物主要来源于人类的生产、消费和环境污染治理过程。人们在开发资源、制造产品的过程中必然产生废弃物；任何产品经过使用和消耗后，最终也都将变成废物。

工业生产过程会有大量固体废物产生。现代社会建立在生产系统的基础之上，基本的生产过程包括原料的获取、工农业生产，在此过程中会产生固体废物，如尾矿、废石、冶炼渣、秸秆、畜禽粪便等。

以家庭为主体的消费过程也带来了大量固体废物。如剩饭、剩菜、果皮类废物；废包装、旧报纸和杂志等；废弃的衣服、鞋帽等；家用电器、照明灯具、交通工具等报废后亦成为固体废物。

环境污染治理过程也是固体废物产生的途径之一。在废水、废气、废渣的治理与再利用过程中同样也产生固体废物，如污水处理产生的污泥，电厂烟气脱硫产生的脱硫渣、灰渣等。

固体废物对人类环境的危害很大。首先，不恰当的固体废物处置存在严重的健康危害，固体废物和人类疾病之间的关系非常显而易见。其次，固体废物堆积会污染土壤、水体和大气。如果直接利用来自医院、肉类联合厂、生物制品厂的废渣作为肥料施入农田，其中的病菌、寄生虫等会使土壤污染，人与污染的土壤直接接触或生吃此类土壤种植的蔬菜、瓜果极易致病。固体废物随天然降水或地表径流进入河流、湖泊和地下水，会造成水体污染。一些有机固体废物在适宜的温度下被微生物分解，会释放出有害气体；固体废物在运输和处理过程中也会产生有害气体和粉尘。最后，固体废物堆放和填埋都需要占用大量土地，包括农田在内的城市远郊土地会被大量侵占。

5.1.2　固体废物管理

废物产生的来源决定了废物的数量、组成和特征。例如，废物是由家庭、商业区、工业、机构、街道清洁和其他服务产生的。固体废物管理系统最重要的是废物的识别。储存是一项关键的功能要素，因为废物的收集从来不发生在废物产生时。由于缺乏存储空间或存在可生物降解材料，居住小区产生的异质废弃物必须及时清除。考虑到公共卫生和经济因素，现场存储是最重要的。一些储存的选择是塑料容器、传统的垃圾箱、用过的桶、储存箱（机构和商业地区或服务仓库），等等。废物收集包括收集废物并将其运至收集车辆放空的地点，该地点可能是中转站（即废物从较小车辆运送转移到较大车辆并加以隔离的中间站）、加工厂或处置场。收集方式取决于集装箱数量、收集频率、收集服务类型和路线。

由于垃圾填埋场发生厌氧生物反应，会产生甲烷和二氧化碳，填埋场的生物特性以及密实垃圾的结构特性限制了垃圾填埋场的最终用途。垃圾填埋场分布不均匀，一般建议在填埋场关闭后至少两年内不要在其上建造任何大型永久性建筑。否则会由于初始压实效果不佳，在开始五年内预计会有50% 左右的沉降。扰动可能会导致结构问题，而产生的气体可能会造成污染风险。

5.1.3　固体废物处理技术

固体废物处理是利用生物、化学、物理等方式，将固体废物转变为便于利用、运输与储存的形态。

1. 生物处理法

固体废物生物处理法指借助微生物将固体废物中可降解的有机物进行分解，实现综合利用或无害化处理。固体废物经过生物处理后，其容积、形态、组成均产生较大变化，便于储存、运输、处置及利用。生物处理法包括好氧处理（堆肥）、厌氧处理（厌氧发酵制沼气）、纤维素糖化、兼性厌氧处理、细菌浸出。该方式相较于化学处理投入成本更为合理，但处理时间较长，处理效率不稳定。

2. 化学处理法

固体废物化学处理法指采取化学试剂破坏固体废物有害结构，实现固体废物无害化处理，或是转化为便于后续处理的形态。化学反应过程由于较为复杂，影响因素多，多用于成分单一或化学性质类似的固体废物处理，混合固体废物难以利用化学处理法达到预期效果。该方法包括还原、氧化、化学溶出、中和、化学沉淀等，化学处理固体废物后可能产生有害残渣，须对其安全处置或无害化处理。

3. 热处理法

固体废物热处理法指通过高温改变或破坏固体废物结构与组成，包括热分解、焚烧、烧结、湿法氧化等。通过此种固体废物处理方式，能够达到综合利用、无害化及减容效果，适用于含热值高、可燃组分多的固体废物处理。

4. 物理处理法

固体废物物理处理法能够转变固体废物状态及形态，便于利用、存储或运输，包含萃取、过滤、压缩、破碎、浓缩及分选等方式，多用于回收固体废物中有价值的物质。

5. 固化处理法

固体废物固化处理法是采取化学 – 物理方法，在惰性密实基材中包容、掺和有害废物，使其稳定化，将有害物引入稳定晶格中，或是以惰性材料包容有害固体废物，包括玻璃固化、沥青固化、水泥固化等。处理对象以放射性固体废物和有害固体废物为主，处理中须添加固化基材，可减小固体废物对环境危害，便于安全处置运输。

5.1.4 固体废物回收、再利用与资源化

1. 固体废物回收和再利用

随着固体废物日益被视为一种宝贵的资源，从固体废物中回收资源的重要性日益增加。固体废物再利用和再循环作为一种替代的固体废物管理方式，在发达国家和发展中国家都被认为是解决固体废物污染问题的重要途径。有效地利用资源和从固体废物中回收资源对全球环境的可持续性至关重要。

固体废物处理成本的上升为回收创造了成本竞争机会。回收利用比处置成本更低。在公众强烈支持回收利用的情况下，大多数人也会支持支付回收服务费用，作为固体废物收集和处置费用的正常组成部分。能满足社区需要的回收系统有多种选择。虽然一些国家有效地采取了废物回收战略，但许多国家尚未采取可持续的废物管理战略。回收项目的目标必须与资金和运营成本相匹配，以确保项目的成功和可持续。

固体废物回收方式有两种，一类是产品回收，一类是材料回收。产品回收被认为是新产品的一个必要的解决方案和替代方案，可以对整个产品或组件进行不同的操作。可以使产品在维护或开发后，保持其形状、纹理和高价值，并为相同或其他目的再利用。或者也可能是产品拆解后的回收，将其零部件分配到生产和回收过程中，这种产品被认为失去了以前的价值。另一类回收是材料的回收。回收材料来源广泛，主要是生活和工业生产的固体废物材料。它们包括玻璃、纸张、铝、沥青、铁、纺织品和塑料。对不同行业或类似行

业的产品生产过程中涉及的材料进行分类后，可以直接作为生产原料，或通过化学或热处理回收物料以制造新的材料。

用磁铁可以不断地从垃圾中提取黑色金属材料，并排除剩余的材料。跳汰机用于去除玻璃，泡沫浮选成功用于陶瓷和玻璃分离，涡流装置实现了铝的批量回收，等等。随着回收操作的发展，更多更好的物料分离和处理设备将会出现。

固体废物问题必须从资源控制和处置的角度加以处理。许多重复利用和回收方法仍处于探索阶段，仍需要发展。然而，人类离开发和使用完全可回收和可生物降解的材料还有很多年。

2. 固体废物资源化

固体废物资源化目前有以下几种形式。

（1）固体废物堆肥利用。城市生活固体废物大部分对自然环境无害，长时间后能够自然降解，但城市逐渐扩大规模，过多的生活固体废物超过自然负荷，难以自然降解，尤其是夏天，食品腐坏速度较快，固体废物将会滋生诸多病原体、蚊蝇等，如果处理不及时会危害人体健康，因此可采取生物技术处理方式，实现资源化利用。以蚯蚓生物技术为例，蚯蚓作为土壤中丰富储量的生物资源，有 3000 多种类，多生活于土壤内，能够吞食泥土与有机物，生活固体废物有机物含量较高，可为蚯蚓繁殖提供营养。蚯蚓消化道可分泌脂肪酶、蛋白酶、淀粉酶、纤维素酶等，在微生物与酶作用下，能够将生活固体废物的有机物水解为脂肪、碳水化合物等，结合土壤矿物质可生成有机－无机复合体，以粪肥方式排出，改善固体废物水汽交换循环，改善土壤环境。在此过程中，要先做好固体废物中氧堆肥发酵工作，控制温度在 55~70℃，持续 3 天杀死固体废物中多数寄生虫卵、致病微生物及苍蝇幼虫，无害化处理固体废物，半成品出仓后降低温度至 30℃，倒入蚯蚓处理池内处理。延续好氧堆肥发酵，堆肥发酵中未分解的有机物通过微生物、蚯蚓协同作用分解，利用蚯蚓堆肥仅需 5 天左右，整体处理周期为 13 天左右，能有效克服传统堆肥方法的弊端。通过此种方式，能够改善土壤理化性质，蚯蚓粪中氮、磷、钾含量较高，对农作物具有良好肥效，使得植物百分百吸收营养，还能减轻污染；如用于西红柿、黄瓜等作物中，可增产 25%，并增强植物免疫力。

（2）制造复合材料。①金属基复合材料。城市金属废弃物中,可将铝合金、易拉罐、牙膏皮等废弃金属作为基体，基质添加玻璃纤维、碎玻璃等，生产成刚度好、硬度高的复合材料，通过微调工艺各种参数，可获得多种类型不同的复合材料，以满足生产需求。此种新型材料能够保留金属韧性，也保留硬质废弃物高硬度优点，做到扬长避短，从而提高废旧材料价值。②硅酸盐基复合材料。在城市固体废物中，硅酸盐废弃物种类较多，废弃物内含有活性 二氧化硅、三氧化二铝，添加部分添加剂后，钙离子能够和物质反应，生成 水化产物，包括水化硅酸钙、水化铝酸钙、氢氧化铝等物质，并生成气溶胶，以此为基体，可将颗粒状、纤维状废弃物包裹起来，形成新型复合材料。废弃物内物质也能参与水化反应，生成网状结构，提高材料强度。此外，多种废弃物混合后，部分物质的氧化物经过高温烧结为陶瓷质地玻璃体，以此为基体熔融较硬物质,可形成坚硬的硅酸盐基复合材料。③聚合物基复合材料。针对城市生产中的工业废弃物的下脚料、尾矿、玻璃纤维、炉渣、废砂等材料，可根据它们表面粒度、活化度的特点采取差异化处理，生成的材料强度良好。例如，可将旧农膜、食品袋、旧轮胎等材料进行特殊工艺处理，放入添加剂混合不同物质，能够制作砌体复合材料。过程中须注意固体物质含量差异，使用配方和工艺不同，生成的复合材料也不同，常见的有代塑、代木等产品。此类复合材料的原材料源于日常生产、生活中，较为常见，成本较低。

（3）堆肥厌氧发酵。城市垃圾堆肥主要是采取生物发酵方式将废弃物降解，按照垃圾状态，可分为静态堆肥与动态堆肥，相应发酵设备则是封闭式堆肥设施与敞开式堆肥设施。高温堆肥中，动态堆肥效率更高，却增加了利用成本，须借助微生物将有机成分分解，生化反应下有机物、氧气、细菌等物质共同作用，可生成腐殖质、热量、二氧化碳等物质。堆肥过程如下：一是放入底料，底料为主要处理对象，包含废弃物、秸秆、污泥等固废，以能源为调理剂，增加生化降解效率，提高总体混合物热量；二是加快堆肥熟化，堆肥属于好氧反应过程，具有降解有机物速度快、温度高的特点，通常采取机械化堆肥的操作方式，但该堆肥模式占地面积较大，肥效有限，卫生条件仍待提高，须结合其他基础处理方式方能满足预期处理效果。

（4）制造建筑材料。城市建筑中大部分固体废物可聚能回收利用，如废弃物渣土，可将渣土制作为渣土砖；将水泥、砂浆、废砖混合后，添加其他材料即可制作轻质砖块；废弃沙子、水泥等按照比例混合后，加压加温可制作为相应砖块。但是，此类固废制作砖块难以达到天然材料砖块效果，自身保温性与抗压强度不足，存在使用闲置。国内外正在研究新技术，以添加辅助材料的方式，生产环保型砖块，降低固体废物利用成本。

5.2　人工智能时代的固体废物管理

5.2.1　人工智能改变固体废物管理模式

人工智能已经彻底改变了垃圾回收产业。虽然大多数人都听说过自动驾驶汽车和面部识别软件，但很多人都不知道人工智能对固体废物管理和回收行业的巨大影响。智能和自动化设备正在不断改进人类收集、运输、分类和处理各类废物（从医疗废物到生物危害废物）的过程。

废物信息管理过程通常涉及技术、气候、环境、人口、社会经济和立法的大量参数。这种复杂的非线性过程对传统方法建模、预测和优化具有挑战性。人工智能技术在提供替代计算方法来解决固体废物管理问题方面取得了进展。人工智能在处理不明确的问题、从经验中学习、处理不确定性和不完整数据方面一直很有效。人工智能在固体废物管理的应用领域包括垃圾桶填充水平检测、特征预测、工艺参数预测、工艺产量预测、车辆路径优化、废物管理规划等。垃圾桶填充水平检测与监测垃圾桶的使用充分程度有关。而特征预测包括废物的分类、压缩比以及废物的产生、模式或趋势。工艺参数预测主要是对废热值和共熔温度的预测。工艺产量预测包括沼气生成和渗滤液形成的模拟与优化。车辆路径优化包括垃圾收集路径的优化和垃圾收集频率的优化。废物管理规划包括废物设施选址，废物堆积地点和非法处置地点选择，优化收集、运输、处理和处置的成本及环境影响。用于废物管理过程建模和优化的人工智能算法包括人工神经网络、支持向量机、线性回归、决策树和遗传算法。

5.2.2　神经网络在固体废物处理中的应用

在垃圾处理相关的人工智能应用中，人工神经网络是常见的人工智能模型；不同的神经网络算法包括径向基函数、反向传播、前馈、自回归和递归神经网络。遗传算法和线性回归，以及梯度回归也用得较多。人工神经网络已成功应用于垃圾桶仓位状态预测、废弃物产生量预测、废弃物分类、沼气产生量预测、渗滤液形成成分分析、能量回收预测、废弃物热值预测、共熔温度预测、废弃物最优收集路线等方面。由于神经网络具有稳健性、容错性和描述多元系统中变量之间复杂关系的适应性，因此被广泛应用于建模各种废物管理过程。但是，人工神经网络系统的校准过程通常比确定性模型需要的参数更少，从而使这些算法在这种情况下更可取。

5.2.3　支持向量机在固体废物处理中的应用

支持向量机是对数据分析有用的监督机器学习算法。它们的功能是非参数分类器，能够解决分类问题。虽然最初的目的是解决分类问题，但支持向量机已经发展到解决回归问题，因为它被发现优于几种经典的回归技术。支持向量回归算法不太容易受过拟合的影响，并且善于同时降低误差估计和模型维数。支持向量机的泛化误差小，计算成本低，求解分析简单，但对所选的内核和调优变量非常敏感。该模型对预测废弃物料仓填充水平、废物产生、废物分类、能量回收和废物加热值特别适用。

5.2.4　固体废物特性的智能预测

通过人工智能进行固体废物特性预测，是人工智能在固体废物管理中的一个重要应用。城市生活垃圾的有效收集、处理和处置依赖于固体废物特性的准确预测，而废物特性在很大程度上受到技术、社会经济、法律、环境、政治和文化因素的影响。由于这些因素之间的相互依赖，以及数据的不足和不确定的相关性，非常规建模技术被期望能够解释这些因素。在探索人工智能在废物管理中应用的研究中，大部分都进行了固体废物特性的预测。废物产生预测是研究最广泛的应用。人工神经网络在这些应用中得到了广泛的应用，支持向量机也应用比较多。光谱分析、相关分析、响应面模型、基因表达规划、最小二乘、小波去噪、高斯混合模型、隐马尔可夫模型、主成分分析等是与人工智能模型结合使用的技术。特性预测主要应用于固体废物的分类，从而消除人工废物分类。目前分类系统大多使用人工神经网络来识别不同的固体废物组分，使用高光谱成像和多层神经网络来识别电子垃圾中的各种塑料。人工神经网络所提出的方法在识别这些材料方面显示出很高的准确性。利用深度学习神经网络可实现自动化垃圾分类，与人工分拣相比，自动化的分拣过程缩短了垃圾分拣和分类的时间。

利用深度学习神经网络进行特征提取，固体废物可被高效分离为可回收物和不可回收物，最大准确度比传统方法提高约10%。使用聚类分析和决策树分类器等数据挖掘技术，可以将社会人口统计和行为属性与废物产生联系起来。树分类器表现出良好的性能，错误率低至3.6%，还可以使用数据挖掘技术来确定基于住房类型和季节变化的固体废物产生趋势。而利用决策树对城市生活垃圾压缩比进行预测，可用于城市垃圾填埋场设计过程中的垃圾沉降评估。利用固体废物的各种成分和特性（如干密度、含水量和可生物降解分数）可对模型进行训练，测试性能良好。

开展流程输出预测，量化有用的副产品（如沼气和能源）以及有害的副产品（如渗滤液和挥发性气体），对于废物管理至关重要。各种研究已开发了模型来预测废物管理过程中产生的不同副产物的数量和组成。神经网络算法可以预测生物反应器垃圾填埋场产生的沼气，神经网络预测模型的输入变量（如元素组成、物理组成和近似分析）在评估阶段报告了较高的准确性，表明模型数据与实测数据具有良好的相关性。此外，优化遗传算法来控制沼气池操作变量可使甲烷产量提高6.9%，还可以预测和优化固体废物馏分产生的能量。

工艺参数预测可以通过控制系统实现高效节能减排，利用气化、热解和燃烧等废物转化系统，可以从城市生活垃圾中获得可持续能。在固体废物转化能源技术的设计和运行中，过程变量的建模和优化至关重要。

5.2.5 固体废物分类智能化

在此背景下，垃圾分类机器人作为具有颠覆性的智能自动化机器应运而生，并逐渐取代传统的垃圾分类方式。这些智能垃圾分类机器人精通多任务处理，自主、可扩展，并具有集成学习系统，可以全天候工作，因此，可以广泛部署在各种行业的垃圾处理和回收。

与其他流程工业类似，回收固体废物主要是由利益驱动的。通常情况下，流程效率和不同的收入来源可以节省大量成本，包括完整的可重复使用的物品，由于传感器、机器学习和人工智能使独特的识别协议成为可能，这些可重复使用物品现在越来越多样化。

人工智能识别速度快、精度高，可以处理大量的废料。每小时的挑选数量很高，机器人可以在不同的班次中以相同的精度工作，减去可能影响生产率的人为因素。因此，机器人可以同时对大量的废料和物体进行分类。

人工智能系统可以在一个地方对不同类型的垃圾进行分类，从而减少了对垃圾进行复杂预处理的需要。例如，智能视觉系统可以直接从传送带上挑选有价值的可回收废物，而不需要额外的筛选阶段。还能够对不同形状和大小的垃圾进行分类，而不会滑落或掉落物体。

智能回收流水线系统可以处理几乎任何类型的垃圾，分类能力可以根据每一个新的市场情况重新定义。有了这些能力和广受欢迎的属性，智能机器人进行垃圾分类无疑将颠覆垃圾管理行业，超越传统的回收、分类和垃圾处理技术。因此，垃圾分类机器人的应用将迅速增加，导致该行业规模大幅度增长。

人工智能在垃圾管理中的应用始于智能垃圾桶。垃圾管理公司利用物联网传感器监测整个城市的垃圾桶满置情况。这使得市政部门可以优化垃圾收集路线、时间和频率。优化提高了垃圾桶清空的速度，同时降低了劳动力成本和燃料消耗。但物联网传感器能感知的不只监测垃圾桶满置情况，计算机视觉和机器学习算法允许这些传感器在垃圾桶被填满时区分不同类型的垃圾。例如，智能垃圾桶使用机器学习，在垃圾被丢弃后立即进行识别、分类。智能垃圾桶通常配有应用程序，用户可以知道最近的可用垃圾桶的位置，防止垃圾桶溢出。在所有垃圾桶都智能化之前，需要在垃圾管理设施中对垃圾进行分类。人类工人每分钟可以分类 30~40 个可回收物品，而人工智能机器每分钟可以处理多达 160 个可回收物品。

传统上，固体废物管理主要是手工操作。人工智能、机器学习、计算机视觉、机器人技术和其他创新技术已经让相关行业消除了对体力劳动的大量需求，降低了成本，并使效率最大化。这种尖端技术将改变人类处理其他类型废物的方式。垃圾分类是一个高度自动化的过程，但为了分类和回收垃圾流中有价值的材料，一些任务仍然是手动执行的。这些任务包括回收材料的质量控制和大块废物的分离。工人因直接接触废物而暴露在危险之中。此外，垃圾分类是一项需要重复动作的工作，这也增加了工人的劳累程度。

与传统的垃圾分选设备相比，具备人工智能的工业机器人能更加精确地实现固体各个环节的处理处置，并提高整体的管理效率。机器人技术和人工智能是改善工作质量和员工健康条件的独特创新，因为将减少与废物的接触。这些创新还将提高回收废物作为二次原料重新进入生产过程的速度和质量，从而减少对全新原料的需求以及与制造和提取这些原料有关的污染。城市废物处理项目的成功实施也可能对工厂工人的工作产生积极的影响。该工作将转变为自动化系统管理和基于技术的高价值故障排除工作。机器人配备了包括机器视觉在内的众多传感器，可以持续监控垃圾流。

机器人技术已经在建筑垃圾分类中进行了测试，在分离的垃圾分类中，它达到了每小时 2000 次拾取的速度和 98% 的纯度。该技术已经证明，机器人有能力分离重量达 30 公斤的大件物品。人工智能可识别所需的材料，被称为"抓手"的工业机械臂能够快速准确地挑选出这些材料。装置有两个连续的机械臂，通过训练，能够识别多达 13 种不同的材料。该系统的能力未来将得到扩展，它将能够通过可更新的、智能的、自学习的软件识别废物流水线中的新材料。人工智能机器人高效分类的优点能够解决来源复杂的问题，在垃圾分类中部署机器人正成为应用的热点。通过实施这类系统可以回收更多的可循环利用物品以及迄今尚未回收的新材料。

我国海康威视公司利用人工智能数据分析、地理信息系统和可视化技术，可综合分析固体废物信息，为管理人员提供数据支持和决策建议 ●。可系统获取管理区域内的固体废物产量、产废企业、固体废物转移与处置情况、运输车辆及预警信息，帮助管理部门从固体废物产生、收集、储存、转运、处置等各个环节开展可视化、数字化、智能化管理，实现固体废物各个环节的智慧管理。

5.2.6　固体废物智能减耗

工业废弃物量占全球废弃物总量的至少 50%。制造业是工业废弃物的一大来源，也是最大、增长最快的来源。质量控制可以预防大量制造业废弃物

● 华安瑞成（北京）科技有限公司 . 海康威视高光谱水质多参数监测仪荣获金鼎奖 [EB/OL].（2021-12-01）[2022-10-12]. http://www.bjharc.com/articles/xxhkws.html.

的产生。制造和供应链管理的复杂性导致了浪费。全球范围内，制造业的支出有 20% 是浪费的，这些支出通常由于效率低下产生，本没有必要花费。在世界各地，制造商制造了过剩的产品，包括很多错误的商品、低质量的产品，并无效地长距离运输商品。过时的技术导致商业管理环节出现了大量的废弃物，这些都是由于缺乏数据的草率决策造成的。企业面临着诸多由信息产生、传递、处理所带来的成本提高、效率降低的问题；需求管理、动态生产计划与物料控制缺乏整体协同，造成产品周转率低、利润率低、客户满意度低，导致企业在市场竞争中失去活力。

人工智能可以改变工业浪费的现状，由于工业部门产生的废弃物最多，应用先进的技术来减少工业废弃物将产生巨大的影响。人工智能在经济增长率方面的贡献仅次于信息技术，制造业将是最大的获益方。在供应链、工厂、分销渠道和最终消费的复杂生态系统中，多年前建造和装备的工厂面临着减少和消除浪费的巨大挑战。

工业 4.0 推动了"智能工厂"的出现，这些工厂反应灵敏、适应性强、连接方便，而且有望更高效，从而减少浪费，避免更多废弃物的产生。人工智能极大地提高人类做出高度复杂决策的能力，能够帮助人类分析什么时间生产什么商品，如何确保消除质量问题，降低货物运输成本，优化库存水平，以及如何确保人类在生产过程中不使用多余的资源。各类企业正在以减少浪费的方式使用机器智能。制造商可以通过使用机器学习预测需求，减少销售额损失。

生产过程中，制造业面向用户的订制服务减少了长期存货的浪费，生产模式从少品种、大批量向多品种、小批量转变。通过物联网、大数据、机器视觉等技术的配合，制造业通过装配机器人、物料机器人实现面向客户的智能化协作，提高了生产的目的性和准确性。

　　今天，制造业可以利用先进的技术，连通人类的智慧，帮助人类实现绿色发展。"循环经济"的兴起令人鼓舞，在这种经济形式中，所有生命周期结束的产品都被用来制成其他产品。通过循环经济全产业链的资源再利用，将人工智能、大数据融入传统行业，尤其在高价值固废的前端回收、中端分拣、末端重构等环节中提高效率。

第6章　人工智能时代的土壤环境保护

6.1　土壤环境污染的影响

6.1.1　土壤污染概况

土壤圈是一个异常复杂的生物物理化学体系，作为大气圈、水圈、生物圈和岩石圈共同作用的产物，其形成过程实质上为地壳表层长期演化的结果。土壤的物质来源于这些圈层，以固态、液态和气态存在于土壤中。土壤的固体部分包括有机物（来源于生物圈）和无机矿物（来源于岩石圈）。土壤中的重金属存在于这些无机矿物中，受母岩特征、气候作用和成土因素影响。故土壤自身携带了其形成时的环境信息。

随着世界工业化程度的提高，土壤污染的长期影响成为一个全球性的生态问题。土壤中的重金属元素通过生物地球化学循环，可以在大气圈、水圈、生物圈和岩石圈之间流动。重金属造成污染不仅会影响土壤，与土壤相关的这些圈层也会受到影响。因此，土壤在环境质量评价中呈现出重要地位，研究土壤中重金属的空间分布特征意义深远，关系到人类健康，影响生态系统功能。污染土壤的重金属主要包括铅、汞、镉、铬和类金属砷以及高含量水平下的铜、锌、镍等元素。人类活动在一定程度上会影响土壤重金属的分布状况。这些污染物的人为源主要来自工业和生活废水、污泥、农药和大气降尘等，如杀虫剂、杀菌剂、灭鼠剂等成为砷的主要来源，而汞主要来自含汞的工业废水，镉、铅主要来自冶炼、矿物开采和汽车排放物沉降等。重金属污染会干扰或破坏生物正常生理功能，导致其功能紊乱、营养失调、病变致死等，并且重金属无法被降解，只能在土壤中不断积累，被植物和动物富集，并通过食物链进入人体，直接危害人体健康。这些健康问题可能是由于接触受污染的土壤直接中毒，如儿童在充满有毒废物的土地上玩耍；或间接中毒如食用在受污染土地上种植的作物，饮用受到污染的水等。在过去，有数百种杀虫剂被制造出来并应用于土壤中。在那些广泛使用化学物质的地方，植物将无法生长，或者无法良好地生长。在食物链中，较高层次的捕食者因食用植物和其他较低层次的动物，会在体内积累更高浓度的污染物，直到超过阈值而死亡。此外，污染物还会改变土壤的组成和生活在其中的微生物的类型。如果某些生物在一个地区死亡，大型捕食动物也将不得不离开这个地区或死亡，因为它们失去了食物供应。因此，土壤污染有可能改变整个生态系统。污染对土壤造成的影响会对地球上的生态平衡和生物的健康造成巨大的干扰。

区域性的农业土壤污染也是人类活动对土壤造成污染的结果。农业土壤污染常常与滥用农药、化肥等农用化学品有关。施用在植物上的农药也会渗入土壤，造成长期影响。反过来，肥料中存在的一些有害化学物质（如镉）可能会积累超过其有毒水平，导致作物中毒。重金属可以经由灌溉作物时使用被污染的水或使用矿质肥料进入土壤。有缺陷的垃圾填埋场、地下垃圾箱的爆裂以及有缺陷的污水系统的渗漏都可能导致毒素泄漏到周围的土壤中。

6.1.2 土壤环境质量评估与污染防治

1. 风险评估

由于化学污染的多样性，土壤污染的风险评估和管理决策非常复杂。环境风险评估有助于在早期阶段解决环境问题。土壤污染的环境风险评价非常重要，因为潜在的有毒元素对人类健康有有害影响，且持久性无机污染物长期存在于土壤环境中。通过使用计算机建模和统计方法来检查不同尺度上不同类型的环境数据之间的关系，以及构建和管理生态系统，可以方便地选择适当的变量来评估土壤质量。土壤属性会导致进入食物链的潜在有毒元素的浓度显著升高。很大一部分潜在有毒元素可归因于城市地区的人类活动。关于特定地点土壤中潜在有毒元素浓度升高时的分布情况的详细资料，对于控制污染的影响至关重要。土壤中潜在有毒元素的比例可为环境规划提供基本信息；因此，在过去的几十年里，全球范围内开展了许多关于微量金属浓度的研究。我国的一些研究也评价了潜在有毒元素引起的土壤污染。在全社会开展宣传活动，减少工农业生产过程的污染物在土壤环境中的排放，以及长期的土壤环境监测和土壤修复将会是有效的土壤环境保护的对策。

2. 土壤污染治理

有一些方法可以让土壤恢复到原始状态。通过去除被污染的土壤，土地就可以再次用于农业。受有毒化学物质污染的土壤可以被运输到人类接触不到的地方，或者人类可以对土壤进行曝气和化学处理以去除一些化学物质。

其他修复方法还包括生物修复，即利用微生物消耗造成污染的化合物，以及通过在污染区域铺路来遏制化学物质释放等。

为了去除和回收重金属，人们发展了各种土壤修复技术。

土壤污染修复技术的具体应用包括物理修复、化学修复和生物修复三种类型。

（1）物理修复技术。包括客土修复技术和换土技术及电动修复技术。

对于污染程度较轻的土壤，可以使用客土修复技术，其主要工作原理就是通过添加土壤清洁剂对污染土壤实施修复，这种技术的原理比较简单。换土技术是指用没有被污染的土壤替换已被污染的土壤。但是随着社会发展速度的加快，这两种修复技术并不能满足当前的实际需要，所以在实际的应用中，这两种方式的应用范围和应用程度都比较少见。

还有一种物理修复方法是电动修复技术，是在电场作用下实现电的迁移，从而实现对土壤中重金属污染物质的处理。这一技术与其他修复方式有很大的差异，在对土壤中的重金属物质进行处理时不会对土壤结构造成破坏，所以这种技术具有绝对的优势，并且使用范围较广，能够实现大面积的土壤修复。该技术在操作上具有简单灵活的特点，但也有不足之处，因为会在使用过程中消耗很多能源，并且特别容易发生极化，这些问题的出现都会影响实际的修复效率，所以电动修复技术在当前发展中也在不断地研究和完善。

（2）化学修复技术。主要包括化学淋洗技术和固化稳定化联合修复技术。

这一技术主要是对含有重金属污染的土壤进行修复，土壤污染物的化学淋洗技术通过将化学洗涤剂与土壤进行融合，对其中所含有的化学有害物质进行溶解吸收，达到分离污染物的作用，并且对于重金属物质的回收和分离也有很好的效果，能够实现土壤的修复。在利用该技术时，不管使用哪种材质的洗涤剂都会使土壤肥力降低，虽然酸性淋洗剂工作效率比较高，但是因为其破坏力较强，会使土壤结构和性质发生改变，所以酸性淋洗剂的使用范围和频率较低，并且逐渐被有机酸代替。有机酸在能够提升效率的同时也能降低对土壤的破坏，但是依然会出现二次污染的问题，并且这种淋洗剂的使用成本较高，因此其在当前的应用中比较少见。

固化稳定化联合修复技术用到大剂量的药剂，且其修复性能也比较低。在使用过程中，土壤中的 pH 值也会影响最终效果，还容易引发二次污染。所以在进行污染土壤修复时，必须要注重使用方法的有效性，不仅要实现土壤修复能力的提升，同时还要避免产生其他的负面影响，因此对于这一技术要进行不断地研究和探索，找到切实可行的优化方式，使其能够符合当前的发展需要。

（3）生物修复技术。包括原位生物修复技术、植物修复技术、植物挥发技术和植物降解技术。

原位生物修复技术的修复能力仅限于对亚表层土壤的生态修复，其原理是通过将有机营养物质与污染土壤进行融合，实现对土壤中含氧量的控制。通过对土壤中有害物质进行分析可知，该技术具有较大的局限性，因为污染土壤的覆盖面积具有不确定性，并且覆盖面积较广，采用取土修复的方式不现实，不仅经济上得不到支持，也会耗费很大的人力物力，所以在修复过程中可能会用其他方式取代。到目前为止，最经济的修复方式是土耕法，因为其具有效率高、操作简单并且不易引发二次污染，所以当前应用频率较高。

植物修复技术主要是指通过在污染土壤表面上种植对重金属有吸收能力的植物，实现对土壤中有害物质的吸收，但要进行反复种植，才能消除其中的重金属污染物。

植物挥发技术是指利用种植在污染土壤表面的植物的根部，对其中所含有的有害物质进行不断地吸收，并借助植物自身的优势将这种有毒物质进行转化，采用这种方式能够有效降低土壤的污染程度。

　　植物降解技术主要是针对那些土壤环境污染情况比较轻或者是土壤结构简单的地区，该技术应用于这些地区能够取得明显的效果。通过微生物与植物的有机结合，实现对污染土壤的修复目标。该技术属于比较天然的技术，但是这一技术具有修复周期长的特点，一般来说，三至五年为一个修复周期，能够取得初步的修复成效。

6.2　土壤环境保护中的人工智能应用

6.2.1　人工智能下的土壤环境监测

　　农业土壤监测可以帮助农民提高产量，降低生产成本，防止土壤污染。自主机器人可以收集准确的、可重复的土壤样本，并将其携带回实验室。这类机器人装有可转向底盘，并使用边界检测算法和各种障碍物检测传感器导航，配备定位系统，以确保土壤样品从正确的地点采集。在土壤测试过程中，最常见的误差来源于土壤样品的采集过程，需要使用高速、自清洁的液压螺旋钻，将土壤样品收集到精确的机器里。

　　化肥中的氮积累会导致土壤退化。使用化肥的替代品，可以种植健康食品，同时降低农业成本和污染。过量的氮肥会释放出甲烷到空气中，这种温室气体比二氧化碳对温度升高的作用更强，是造成气候危机的原因之一。过量的化肥也会被雨水冲进水体，消耗水生生物的氧气，导致藻华，影响生物多样性。然而，根据土壤和作物的需要量身定制施肥水平可能极其困难，目前检测土壤中氮含量的方法需要将土壤样品送到实验室，这个过程成本很高并且周期较长。当检测结果送达种植者时，会因为时间的滞后而耽误计划。利用人工智能减少化学肥料的使用，可以同时减少种植者的开支和氮肥对环境的危害。利用传感器可以检测土壤中铵根离子的含量，铵根离子通常会被土壤细菌转化为亚硝酸盐和硝酸盐。利用机器学习，可以将监测数据与天气数据、施肥以来的时间、pH 值和土壤电导率测量相结合。然后，这些数据通过人工智能模型来预测现在土壤中总氮的含量，以及未来土壤中总氮的含量，从而预测最佳的施肥时间，使农民不会过度施肥。这是一种新的低成本解决方案，可以帮助种植者在最少化施肥的情况下收获最多的作物，尤其是需要大量化肥的作物，比如小麦等。无论从环境还是经济角度来说，都需要重视过度施肥的问题。而土样中的污染物监测数据通过 X 射线衍射传感器得以记录，并实时上传分析，并提供预警服务。

无人机技术有助于提供高质量的影像，改善土壤监测程序。它可以实时分析、扫描和收集田间数据，并协助确定农作物的发展阶段。例如，无人机航拍的遥感影像可以分析农作物的健康状况、病虫害的类型与程度、农业设施运行状况。此外，这项技术涉及全面的田间管理和设施运行，当农作物需要水、化肥、农药或土壤时，可以及时推进开展相关工作。这一过程中的机器学习有助于确保农作物的健康和优质的土壤状态。系统管理用来确保健康的农作物生长，同时消除有害的植物。

机器学习程序还可以用来监测分析土壤中的营养缺乏状况、虫害程度和识别潜在的植物疾病。它使用图像识别技术，农民可以在他们的手机屏幕上使用它，自主拍照获取信息；应用程序获取的植物图片，可以作为遥感影像的有益补充，检测遥感分析的结果是否正确，同时提供数据给平台用来分析。手机拍照的影像数据用于成像检测模式可以达到 95% 的准确率。

6.2.2　人工智能下的土壤环境质量评价研究

1. 研究意义

人工智能技术可以用来监测、分析和控制土壤环境质量，农用和城市土壤环境监测系统正在覆盖越来越多的区域。遥感、无人机、物联网传感器和专业人员取样监测保证了数据的多源性和可靠性，也大量获取了带有地理信息的空间数据。研究土壤中重金属的空间分布特征可以更好地了解重金属的分布状况，为环境规划、环境污染治理以及环境保护等方面提供理论框架。基于土壤重金属含量对环境进行质量评价，可以更为明确地了解实际的土壤质量状况。研究团队研发出了"大尺度上土壤综合环境质量异常区域自组织提取模型"。该模型集成了自组织神经网络与空间克里格插值技术，可以有效获取环境质量异常区的分布特征。

2. 研究方法

如何利用模型获得的数据来分析土壤环境质量状况，是人工智能技术应用的一个重要研究方向。影响土壤环境质量的因素很多，《土壤环境质量标准　农用地土壤污染风险管控标准（试行）》（GB 15618—2018）中规定以土壤中不同无机和有机污染物含量作为土壤质量分级评定的指标。因此，根据此标准进行土壤环境质量评价，本质为多指标体系评价问题。对此类问题，早期有综合指数法、内梅罗指数法、模糊聚类法等，这些方法需要人为确定各指标的权重及各评价指标对各级标准的隶属函数。因此，评价结果受评价者主观因素影响较大。人工神经网络由于其强大的非线性映射能力及自组织性、自学习、自适应等特点，于 20 世纪末开始应用于环境质量评价工作，已经被应用于对土壤结构和物理性质进行分类、开展土壤和植被制图、预测非点源污染、预测土壤盐渍化及评估不同土地利用方案下的土壤有机碳积累。在使用土壤生物数据的研究中，神经网络分析被用来解释微生物群落结构的磷脂特征，并将微生物生物量、基因带型与土壤质地等其他理化性质关联起来，但目前作为空间分析手段的研究还比较少。还可针对环境质量异常区域进行设计采样和化学分析，分析其重金属及相关同位素，揭示具体的地球化学来源和人为来源，同时对模型进行验证。大尺度上土壤综合环境质量异常区域自组织提取模型除了可对污染造成的环境质量水平的异常进行污染分析，对地球化学方面造成的区域环境元素水平异常也可以进行成因分析，研究人类生存必需元素如 Zn、Ni 等低水平区域的范围和潜在影响。

一般来讲，由于土壤重金属含量的形成以及分布是一个复杂的问题，目前缺少对土壤中重金属含量分布的物理机制的理解，寻找一个有效的工具对解决该问题至关重要。ANN 神经网络以模拟人类大脑处理和分析问题的方式方法解决实际问题，本质上该模型是一种黑箱建模工具，通过学习来仿真系统中的输入和输出之间的定量关系，具有自适应性、自学习型、容错型和联想记忆能力。SOM 神经网络作为一种具有强大学习能力的 ANN 神经网络，具有一般非线性系统的共性，如高维性、不可逆性和自适应性，是求解非线性问题的有力工具。

SOM 自组织神经网络学习算法是一种高效的神经网络方法，作为数据挖掘的重要工具，已经在经济、社会、金融等很多研究中发挥出重要作用，其优秀的自适应分类能力，为复杂数据的抽象信息提取提供了一个重要的平台。将自组织神经网络应用于土壤环境领域，对于具有系统复杂性的环境数据的分析和研究有着重要的意义，能够被应用于资源和环境方面（如利用卫星遥感数据分类和降水预测）以及降水和径流模拟和分析。该方法还被应用于环境模拟方面，如模拟土壤属性监测数据，预测土壤属性在研究区的类别分布。应用 SOM 方法还可以计算河流质量监测数据的毒性指标。SOM 神经网络通过学习对具有同类特征的输入层变量进行聚类，可从一个非线性的高维输入到一个独立的低维输出层神经元（通常为二维）建立映射关系。SOM 算法的主要优点在于它的非线性和保存数据的拓扑结构。应用 SOM 网络进行分类的最大优点就是其采用非监督学习方式，客观性强，非线性问题求解能力强，只要在网络中输入原始数据矩阵和事先设定的函数，经过网络自身的训练和学习，无须人为干涉以赋予各因子权重值，就可以使分类过程与问题变得简化，得到最终的聚类结果。因此避免了传统聚类方法中可能由于不同操作者的主观因素而产生的各指标权重不同赋值所带来的不稳定的结果。

应用自组织人工神经网络对土壤质量进行等级分类，只要将有关样点重金属元素含量数据提供给网络，SOM 自组织学习便会选择最佳匹配神经元，调整此神经元邻域内的神经元的权值，使权矢量更接近输入矢量，这一过程就是竞争学习。随着不断学习，所有的权矢量在输入矢量空间相互分离，形成了各自代表输入空间的一类模式。最后输出相应的分类数目及对应的土壤质量分类结果。分类后根据实际数量水平进行质量评价。

自组织神经网络是可视化多维数据的有效工具。无监督学习的自组织神经网络与传统统计方法一起被应用于分析和解释环境数据集的智能技术。自组织神经网络应用于集成地理信息系统，可以实现地理参考数据和空间化的非地理数据集的聚类。自组织神经网络用于地理参考数据的聚类问题并不多见。在环境空间评价中，利用全球定位系统信息改造的样本数据集可以在地理信息系统中进行自组织神经网络分类。结果可以根据数值进行分类，并在地图上显示为离散点。

然而，离散样点的结果却无法表达空间连续性。采用克里格插值技术，空间含量分布差异就可以连续表达。在大规模土壤环境质量评价中，可以用来识别异常空间区域。笔者等探讨了自组织神经网络在土壤样品污染程度分类和解释中的适用性。利用克里格插值技术对自组织神经网络结果进行空间可视化，并从地理信息系统中提取异常区域。自组织神经网络能有效地提供土壤环境质量异常带的分布信息。此外，自组织神经网络还可用于发现土壤污染区域和元素异常分布，对土壤环境管理和污染防治具有重要意义。此研究内容包括：①利用空间数据库、地理信息技术和自组织神经网络技术设计土壤综合环境质量异常区域提取模型；②建立土壤环境质量异常分类。

自组织神经网络将多维数据之间的非线性统计关系转换为低维的简单几何关系，通常是规则的二维节点网格。自组织神经网络因此压缩了信息，并保留了主要数据元素的最重要的拓扑和度量关系。自组织神经网络提供的可视化和抽象，可以进一步用于复杂的任务，如过程分析、控制、机器感知和通信。形式上，自组织神经网络可以被描述为一个有序的、非线性的、平滑的映射，多维数组输入数据被映射到一个规则的低维数组，映射的过程类似于经典的矢量量化。

大尺度上土壤综合环境质量异常区域自组织提取模型主要包括四个部分：①采样信息输入土壤环境质量数据库；②利用自组织图对样本的污染物浓度进行样本聚类；③根据自组织神经网络聚类结果，依据不同类别的平均值定义环境异常水平值；④利用空间插值的异常水平值绘制环境异常区。

选取网络将数百样本的输入数据聚类为三类。这个架构表示了一个竞争性学习的网络。靠近获胜神经元的神经元会随获胜神经元一起更新。模型可以从不同的神经元拓扑结构中进行选择，并确定合适的结构。类似地，可以从不同的距离表达式中选择，来计算获胜神经元附近的神经元的权值。在自组织映射结构中，学习的首要目标是使网络的不同部分对特定的输入模式做出相似的响应。将神经元的权值初始化为小的随机值，或从两个最大主成分特征向量所形成的子空间中均匀采样。使用最大主成分特征向量方法，学习速度会快得多，因为初始权值已经给出了自组织神经网络权值的良好近似。

训练过程采用竞争性学习策略。当一个训练样本集被输入到网络时，计算它到所有权向量的欧氏距离。权向量与输入样本最相似的神经元称为最佳匹配单元。将最佳匹配单元和最佳匹配单元邻近神经元的权向量与当前输入样本的距离缩小。这个过程不断迭代后，逐渐收敛。从而最终确定输出层向量在低维空间的位置，可以实现高维数据的有效分类。

3. 研究结果

自组织神经网络用于根据土壤表层元素浓度来识别相似采样点的分组。根据土壤平均浓度水平，可方便地确定土壤环境质量水平。

这项研究采集了研究区 261 个土壤剖面的土壤样品，研究土壤表层 9 种金属（Cu、Cd、Pb、Ni、Zn、Cr、As、Mn、Hg）的含量分布。根据土壤母质分布图，在地势平坦、远离主要道路的地区选取采样点。通过化学分析确定土壤中每种元素的浓度。研究共使用 261 个采样点的 9 种重金属的浓度输入神经网络。自组织神经网络应用于聚类并生成自组织图（见图 6-1）。图 6-1（A）所示为所有样点经过自组织神经网络分成 3 类的结果。3 个小的六边形代表神经元。两条线段连接相邻的神经元。含有线段的两个大六边形的颜色代表神经元之间的权重距离。深色代表较大的权重距离，而浅色代表较小的权重距离。小的六边形上的数字，是该类所包含的样点数。图 6-1（A）左边的小六边形上的数字 38，就代表了 3 类中第一类的结果包含了 38 个采样点，中间的小六边形代表了第二类包含 64 个样点，而右边第三类包含了 159 个样点。左边小六边形包含 38 个输入样点，与其他两类的输入数据的权重距离较大。因此，可以认为自组织神经网络已将数据聚集成两大类，分别包括左侧小六边形代表的 38 个输入样点和右侧区域（包含中间小六边形和右边小六边形）紧密聚类的 223 个输入样点。图 6-1（A）左边小六边形的 38 个样本，经过实测验证，元素浓度水平最高，与其它样点差异显著，综合环境质量较差。整体上，左边小六边形代表的样点数据与其他样点相比是异常的。

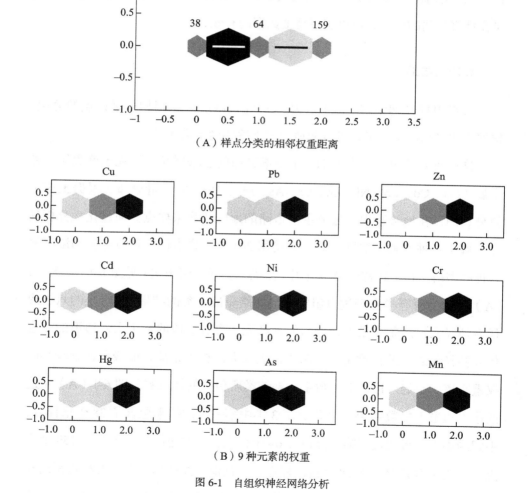

（A）样点分类的相邻权重距离

（B）9种元素的权重

图 6-1　自组织神经网络分析

图 6-1（B）表示输入向量中的每种元素（9 种元素）的权重，将每个神经元的每一个输入的映射权重进行可视化，深色代表更大的权重。如果两个输入的连接模式非常类似，则意味着输入是高度相关的。整体上看，Pb 和 Hg 的连接方式与其他的元素有很大的不同。事实上，这两种元素在研究区内受人为影响较大。

根据不同的异常水平，将三类样本的水平显示在地图上。从采样点分布来看，高异常区主要分布在受人为影响较多的区域和采矿业较多的山区。采用单因素方差分析和最小显著差异程序进行多重比较，结果显示高水平样本中 9 种元素的平均浓度与其他两类样本有显著差异。这表明自组织神经网络在评价环境质量方面是有效的。大部分地区潜在有毒元素的浓度水平明显较低，反映了元素的自然分布。而在研究区内的废弃矿区，土壤重金属含量相对较高。同时，研究区内工业密集的城市区域也被发现土壤环境质量异常。

自组织神经网络分析表明，低环境质量与高人口密度相关区域存在相关性。结果表明，土壤中有毒元素的污染含量因为不同土壤类型区域存在显著差异，土壤可能具有相似的污染物类型，但异常区成因并不同。此外，土壤中有毒元素的浓度较高是异常区的特征。成土母质类型和人为活动，如采矿活动，是土壤环境质量异常区域出现的主要原因。为了检验预测的准确性，采用分层随机抽样的方法采集了土壤样品。测定了土壤中 9 种元素的比例和环境质量水平。结果表明，异常区约 88% 的样品中含有一种或多种超标元素。因此，提出的模型可以有效识别元素异常，这些异常是根据其他研究人员的结论结合当地污染报告验证的。有毒元素的分布受自然因素和人为因素的双重影响。土壤中 Cu、Zn、Mn、As、Ni、Cr 主要来源于自然成因，Pb、Hg 主要来源于污染。利用自组织神经网络聚类，能够表明不同区域的环境质量水平。该方法是一种有效的土壤环境质量评价方法。

自然环境中有毒金属的积累日益增多，对环境和人类健康构成了严重的威胁。城市环境中重金属污染水平及其分布的主要决定因素是其城市环境的特定场地条件，特别是工业类型和交通网络分布状况。环境科学家绘制了世界上许多农业土壤的地图，并获得了关于有毒元素的详细信息。这些数据已进入公共数据库，为未来整合这一框架的研究提供了相当广阔的资源。利用神经网络技术建立异常区土壤环境质量空间提取模型，可以提供一个地理信息集成的、更具地域性的高级模型，更好地指导土壤环境管理实践。

第7章 人工智能时代的全球气候变化对策

近年来夏季频发的持续高温，导致洪水、严重干旱与山火等自然灾害。全球气候变化正在加速演进，势必对全球环境、社会和经济体系造成重大影响。为此，积极采取行动减缓气候变化至关重要。然而，要想尽可能降低气候变化带来的危害，国际社会尚须在适应气候变化、提升气候韧性等方面加大投入，全面推进从短期危机应对到长期治理规划的工作。

目前全球有 30 多亿人生活在易受气候变化影响的地区，包括南亚、非洲大部分地区和小岛屿发展中国家等。这些地区受飓风和持续性干旱等极端天气的影响最为严重，部分沿海地区和岛国还面临海平面上升的威胁。科学家们正在构建全球气候变化的系统模型来预测这种变化的影响，并指导未来的人类行为，以应对极端天气的增加，以及日益干扰和影响人类生产生活的全球气候变暖。

大数据的人工智能分析对于全球性环境问题的解决起到决定性作用，如何在复杂的气象数据和气候模式中寻找规律，也是全球科学家关心的问题。应对气候变化需要全社会采取行动，涉及许多方法和工具。人工智能就是这样一种工具，在能源、土地利用和灾害应对等领域，具有加速、减缓和适应气候变化战略的重要作用。人工智能技术能够收集、解读、推演碳排放与气候影响领域的海量复杂数据，在解决上述问题方面具备得天独厚的优势，可通过数据为众多利益相关方赋能，助其在遏制碳排、构建绿色社会等问题上做出更加科学的决策。同时，人工智能还可用于调整全球气候变化工作投入的比重，使工作重点聚焦到气候变化风险更高的区域。然而，目前还存在一些瓶颈和挑战，阻碍了人工智能在此方面充分发挥其潜力。促进人工智能对气候变化发挥作用，重点是应用人工智能来支持气候行动。

7.1　气候模型的机器学习

7.1.1　人工智能气候预测优势

人工智能包括任何基于一组既定目标进行预测、建议或决策的计算机算法。人工智能在复杂模型预测有效性方面表现突出，主要归功于统计人工智能的一个分支，即机器学习的重要作用：

（1）机器学习能够将原始数据提炼成可操作的信息。人工智能可以在大量非结构化数据中识别有用的信息，这通常是通过替代人类慢速且烦琐的手工工作来快速实现。例如，人工智能可以分析卫星图像，以精确定位森林砍伐区域或识别易受沿海洪水侵袭的城市区域。人工智能可以利用过去的数据预测未来会发生什么，有时还会结合辅助信息。例如，人工智能可以提供太阳能发电的分钟级的预测，以帮助平衡电网，或者在极端天气威胁粮食安全的情况下预测农业产量。

（2）机器学习能够优化复杂系统。人工智能方法擅长针对一个特定的目标进行优化，对复杂系统中的众多变量可以同时实现控制。例如，人工智能可以用来减少建筑供热和制冷所需的能量。人工智能具有加速科学发现进程的潜力，通常是通过从数据中学习，实现预测数据对复杂过程的近似相融合。例如，人工智能可以为电池和催化剂提供有前景的候选材料，以加快实验速度，并可以快速模拟气候和天气模型的部分内容，使其在计算上更易于处理。

7.1.2　气候模型中的机器学习

气候变化是地球面临的重大挑战。它需要可行的解决方案，其中就包括了人工智能技术的应用。由于人工智能的研究和应用潜力，其已成为大气科学一个非常重要的组成部分。机器学习在天气气象学和气候学中有特别重要的应用。机器学习方法可以成功用于分析和确定气象学和气候学中的重要问题，如环流类型（模式）、天气类型、天气锋面和气团。人工智能和机器学习可以提出有意义的问题，可以部署的领域包括能源生产、二氧化碳去除、教育、太阳能地球工程和金融等。在这些领域，人工智能可以实现更节能的建筑，创造新的低碳材料，更科学地监测森林砍伐，以及实现更绿色的交通。

气候信息学是一门新兴学科，是数据科学和气候科学形成的交叉学科。人工智能可以从气候建模领域产生的大量复杂气候模拟中获得新的认知。目前有几十个相关的模型，分别研究大气、海洋、陆地、冰冻圈等各种自然地理要素。但是，即使在基本的科学假设上达成一致，这些模型在短期内预测能够基本一致，但在长期预测方面还是会出现很大的差异。

使用机器学习算法，将气候变化研究使用的大约 30 个气候模型的预测结合起来可以实现更好的预测，可以帮助管理部门制定明智的气候政策，让政府为气候变化做好准备，并有可能发现可以逆转气候变化影响的领域。

目前在数值天气预测研究中，应用机器学习主要集中在：太阳能和风能预测、大气物理和过程预测，气候模型的参数化研究、极端事件的发生预测和气候变化预测。还可以使用机器学习方法（深度学习、随机森林、人工神经网络、支持向量机等），学习和预测最常用的气象场（风、降水、温度、压力和辐射）。

机器学习方法将是未来天气预报的一个关键特征。物理过程模式与人工智能预测模型不是相互替代关系，而是互为补充。两者的结合可以有很多方面，主要分为两种：其一是以动力模式为主，比如利用人工智能模型来优化动力模式中的部分参数，或利用人工智能方法替换掉模式中半经验化的参数化方案，或者利用人工智能方法对动力模式结果进行订正和动力降尺度等；另一种则刚好相反，是以人工智能模型为主，将物理过程如动力方程组等加入人工智能模型中，对人工智能模型的构建进行合理的物理约束，或者对动力方程组利用人工智能方法直接建模求解。不同方式构建出的动力–人工智能混合模式或模型，应当遵循相关的地学规律，对于理论支持薄弱的部分采取数据驱动为主的策略。越来越多的研究采用在机器学习算法中使用物理定律和守恒性质方面的物理学知识来约束训练并进一步改进算法。

在气候预测中结果的可解释性具有重要意义，可解释性越高则模型结果更为可信。主要用到的方法为隐藏层分析，即通过提取隐藏层中的权重，可视化分析模型关注区域，并根据可解释结果结合理论认识来解释物理机理。此外还可以采用敏感性分析等方法，将模型输入变量在可能的范围内变动，研究和评估这些属性（或预测因子）的变化对模型输出结果的影响程度。

未来的智能模型应该既包括物理过程约束又包括应用大数据人工智能的方法。数据驱动的人工智能方法不会取代物理模式，而是会对其进行有力的补充和丰富。具体来说，这些智能模型应该遵守物理定律，使用可解释的结构框架并且在理论薄弱的地方遵循数据驱动。这两个交叉学科的合理碰撞与融合一定会激发全新的活力，为应对未来气候变化和提高气候预测水平提供强有力的科技支撑。

7.1.3　人工智能下的气象分析

气象观测识别对应的是针对地球大气的物理、化学、生物特性和大气现象及其变化过程进行系统连续的观测，观测的主要对象是云温度、湿度等气象要素，也包括气旋、反气旋天气系统、暴雨、冰雹、对流天气现象。气象观测是气象领域科学研究的重中之重，其经历了人工观测、自动化观测再到遥感探测、智能化观测的发展历程，正是因为人工智能技术的引进提高了气象观测水平，人们对天气状态的识别准确度较高。例如，基于图像识别技术进行台风、雷暴、龙卷风等天气系统的识别，减少了人工观测误差，气象预报科学性、精确性更有保障。新型卫星遥感降水产品能进行不同云类型降水量的估算，操作简单、应用灵活，能快速识别云的类型，对复杂多变的高层云、高积云、雨层云等都有很好的判断。如深度神经网络分类模型支持对流云的数据判断并提取光谱特征，即网络用于提取几何特征，光谱特征与几何特征相结合，实现对流云的数据提取。

气象数据主要分为两类，一类是气象观测、雷达观测设备采集到的数据，既有地面数据又有高空数据；另一类是数值模式预报的资料，又被称为模式数据。现阶段气象数据种类多且呈激增状态，气象数据处理必须寻求高效化、精准化的处理路径。人工智能时代利用互联网、移动智能终端等技术可以实现气象数据的有效采集与高效处理。机器学习、图像识别、数据挖掘等深度融合的人工智能技术配合传统的人工数据处理方法为气象数据的有效处理指明了方向，主要应用于气象数据的异常检测、数据质量的控制。

在天气、气候分析预报中，这一层面的应用十分普遍，支持临近预报、极端灾害天气预警、台风海洋预警、短期气候预测等，在人工智能技术的支持下能实现天气气候的分钟级、千米级预报，气象业务精细化程度较高。人工智能技术也支持特征分类天气系统识别，特别是气象学领域基于增强现实系统评估气候模型，对综合数据挖掘、机器学习技术进行海量数据分析，推出新的分析模型，预测结果准确。例如针对对流天气，以人工智能技术进行对流天气的天气预报可以减少恶劣天气对人们生命财产的威胁，其可以使用深度学习方法进行强对流临近预报，基于自动编码器、卷积神经网络构建深度学习冰雹预报模型，也能进行冰雹的识别、定位和预报。也可采用雷达回波数据训练，基于编码器解码器序列结构的深度学习模型，可以进行闪电事件的预警。

7.2 人工智能时代的全球气候变化应对模式

现在人工智能可以在多个部门应用，来实现其对气候的影响。这些应用中的大多数都具有发展的潜力，其中许多已经开始部署。人工智能应对气候变化的关键能力，主要体现在关键领域的应用：

（1）人工智能可以在广泛的应用中实现电力系统的显著减排。为了有效地平衡电网，从而实现大量可再生能源的整合，预测电力供应和需求是至关重要的，这是人工智能可以提供的功能。人工智能还可以改进电力调度和存储的算法，以及分散系统地区的微电网管理。人工智能可以精确定位天然气管道中的甲烷泄漏。人工智能还被用于加速新能源相关材料的发现，如用于光伏电池和电燃料的材料。人工智能可以自动分析发电厂的图像，定期更新排放情况。它还引入了衡量核电站影响的新方法，计算预测基础设施的数量和电力使用量。

人工智能可以有效地管理可再生能源的不连续性和不稳定性，以便更多的能源可以纳入电网；它可以处理功率波动，并改善能源储存。使用机器学习和人工智能可识别电网中的漏洞，在故障发生前修复它们，并在故障发生时更快地恢复电力。系统可分析来自可再生能源、电池存储和卫星图像的数据，开发能够自动管理可再生能源的电网，无须中断，并且无须人工干预即可从系统故障中恢复。

风力公司利用人工智能技术，通过结合实时天气和运行数据，使每个涡轮机的螺旋桨每次旋转产生更多的电力。在大型风力发电场中，前排螺旋桨产生的尾流会降低后排螺旋桨的效率。人工智能将使每个螺旋桨能够确定来自其他螺旋桨的风速和方向，并相应地进行调整。利用人工智能可以更好地了解大气条件，以便更准确地预测风力发电场的能量输出。

（2）人工智能可以提高建筑和城市环境的能源使用效率。在没有收集到建筑环境的某些数据的情况下，可以使用人工智能在卫星图像中对基础设施进行标记。人工智能可以从建筑属性中推断能源使用情况，也可以解释智能电表的数据。在智能建筑内部，人工智能可以通过优化建筑的供热、照明等功能来节约能源。对于城市规模的优化，人工智能可以用于软测量系统和数据挖掘。人工智能还可以帮助城市进行垃圾管理，减少与垃圾填埋和废水相关的甲烷排放。一个城市开展绿化，机器学习模型可以确定各类树木种植的最佳地点，以获得最佳的树木覆盖，并减少路面的热量。来自监测作物水分、土壤成分和温度的传感器的数据有助于提高作物产量，并知道作物何时需要灌溉。

（3）人工智能可以在很多方面帮助交通领域减排。人工智能模型可以改善交通使用量，以及公共交通和基础设施的需求。人工智能可以优化货运路线和调度，并可以提高对火车等低碳选择的利用率。为了推动电动汽车的使用，人工智能可以优化充电协议和位置，以及为电池和下一代燃料的设计提供信息。

随着车辆之间及与基础设施之间的通信能力增强，人工智能将帮助司机避免危险和交通堵塞。一个人工智能系统结合传感器和摄像头，可以监控交通流量，并在需要时调整交通信号灯。这种十字路口交通管理系统运行可将通行时间减少 25%，空转时间减少 40% 以上。更少的空转意味着更少的温室气体排放。最终，自动人工智能驱动的共享交通系统可能会取代个人车辆。

（4）人工智能可以减少重工业相关的污染排放。人工智能可用于自适应控制和流程优化，以降低工业流程的能耗，也可用于需求响应，安排此类流程以降低排放强度。人工智能支持的预测性维护和数字孪生，还可以提高效率，在某些情况下还可以减少甲烷等温室气体的泄漏。人工智能越来越多地被用于催化剂等材料的发现，这可能会减少某些化学过程的能源需求。人工智能还可以帮助优化铝和钢等能源密集型材料的回收流程和废物分类，这有助于避免与采矿和加工原始材料相关的排放。

（5）人工智能可以支持农业领域的高效管理。精准农业涉及在自动工具中使用人工智能，这些工具可以对农作物内部的变化做出反应，从而有可能提高效率，减少与农用化学品和土地使用有关的温室气体排放。从适应的角度来看，用于农作物监测和产量预测的遥感工具可以在面对干旱和其他极端天气时促进粮食安全。无人机也用于监测环境，将这些信息与无人机的信息结合起来，可以帮助人工智能系统获取种植、喷洒和收获作物的最佳时间，以及何时防止病虫害和其他问题的发生。这将提高效率，提高产量，减少水、化肥和农药的使用。

（6）人工智能可以通过多种方式优化和形成低碳的土地使用方案，以及基于自然的碳封存解决方案。人工智能工具与卫星图像一起应用于碳储量估算，可为土地管理决策提供信息，并计算碳补偿。人工智能还被应用于帮助跟踪森林砍伐和其他土地利用变化，以及用于无人机加速植树造林。人工智能在预测野火的风险和蔓延方面也有大量的应用。

（7）人工智能可以推进气候、天气和其他地球系统模型的耦合。它可以为这些系统提供数据，通过校准传感器或从卫星图像等原始数据推断冰盖等属性，来建立模型。人工智能还可以在气候和天气模型中提供某些物理模拟的快速近似值，否则这些模拟的运行会非常耗时。这样的近似模拟在改进整体模型和提高实际运行模型的空间分辨率方面都很有用，从而提供更多的局部风险预测。

（8）人工智能可以帮助社会抵御气候变化的影响。人工智能工具可以精确定位脆弱地点，并针对最需要改善基础设施的地方进行改进，实现预测性维护以避免故障产生。

（9）面对气候变化，人工智能可以支持生物多样性保护。人工智能方法越来越多地被纳入用于监测野生动物的传感器、评估生态系统变化的遥感工具以及识别系统，并可用于从视觉或音频数据中识别物种。人工智能也开始被用于解析生态信息，如来自公众科学数据库的信息。可利用人工智能评估海洋生态系统服务的经济价值，如海鲜捕捞、碳储存、旅游等，将会使更好的保护和规划决策成为可能。这些数据将用于建立关于粮食安全、自然资源规模和渔业产量的模型，以显示不同条件下生态系统服务的价值。这可以帮助决策者确定自然资源生产力和环境保护工作的最重要领域，以及潜在决策的权衡。

海洋监测数据正在通过机器学习来获得，包括来自卫星和海洋勘探的数据，以便决策者能够监测航运、海洋采矿、渔业、珊瑚白化或海洋疾病的暴发。有了几乎实时的数据，决策者将能够更迅速地对问题作出反应。人工智能还可以帮助预测入侵物种的传播，跟踪海洋垃圾，监测洋流和污染水平。

（10）人工智能可以在市场和金融中以与气候行动一致的方式实现应用。在碳市场，人工智能可以提供碳储量估算等数据来告知定价，以及预测价格和分析驱动这些价格的因素。在非碳市场，人工智能可用于分析和建模企业行为。人工智能还可以通过量化与气候相关的风险和解析与气候相关的企业信息披露，为保险和金融政策提供信息。

人工智能的上述许多应用可以通过提供对政策决策有用的数据而对政策制定具有参考价值。然而，人工智能也可以通过其他方式为气候政策提供信息。人工智能可以被纳入用于评估政策选项的模型中，也可以用于因果推断，以帮助评估已经执行的政策的有效性。

7.3 极端天气成因的智能分析

7.3.1 重力异常梯度与极端天气

研究团队通过智能方法研究发现全球重力异常梯度对大气、洋流有着关键的影响，主要原因是邻域重力异常的水平梯度对地球流体垂直运动存在重大影响。目前研究显示重力异常可以指示岩石密度的变化。重力异常振幅与异常体的密度差和厚度成正比。上地幔密度的变化导致了 –250~150 mGal 的重力异常。研究发现重力场的异常分布会对水圈和大气圈产生重大影响。但目前尚无关于环境流体与重力异常关系的研究。一般认为重力异常值很低，不足以引起大气和水圈条件的变化。事实上，由于长期的重力异常影响，引起了巨大的气团或海流环境异常现象的发生。这些异常现象包括沙尘暴、雾霾、飓风、风切变等极端天气和中尺度涡等海洋环流模式。

在某些地区，重力异常的迅速上升，导致运动中的气团快速地垂直运动。因此，这里定义水平重力异常梯度来描述重力异常在局部尺度上的变化。

通过使用基于智能算法的邻域分析可以预测全球的重力异常梯度。邻域统计函数通过计算输出单元的焦点函数，其中每个位置的值是指定邻域的输入单元的函数。对于输入单元中的每个单元，邻域统计函数根据处理单元的值和指定邻域内的单元的值计算统计信息，然后将该值发送到输出单元上相应的单元位置。通过对重力异常梯度进行邻域统计分析，并利用地理信息系统计算出重力异常的变化情况。

7.3.2　重力异常区的全球分布

自 2002 年以来，重力实验卫星对地球重力场异常进行了详细测量。由于重力是由质量决定的，可以通过测量重力异常来指示行星周围的质量分布及其随时间的变化。研究采用重力恢复和气候实验模型（GGM02）数据，该数据是基于卫星飞行 363 天的数据分析。地球内部质量分布通过微小的重力异常变化影响大气中颗粒物和气团的重力沉降。卫星提供了精确的重力异常数据，可以用来分析不同区域的差异。通过人工智能技术绘制全球重力异常梯度图，能够发现一系列重要的环境异常区。这些区域是全球飓风或沙尘暴的重要来源地。流体的下落过程起到关键作用，它受重力变化的影响，形成高速气流。同时，海洋洋流也受到重力变化的影响。在重力异常梯度较高时，海流会形成下沉流，形成中尺度涡旋。通常通过计算重力异常的变化的邻域最大差值来分析重力梯度，局部区域重力异常梯度数值非常高，邻域重力差甚至达 50~250 mGal。中亚、西太平洋、南美洲、墨西哥湾、西伯利亚、赤道几内亚等地区的重力异常梯度明显高于世界其他地区。通过分析，全球范围 79% 的地表重力异常梯度表现为稳定（< 30 mGal/Degree），7.37% 的区域表现为较高的重力异常梯度（> 50 mGal/Degree），3.43% 的区域重力异常梯度非常高（> 70 mGal/Degree）。

流体的下落过程受重力异常梯度作用，并通过加速度变化产生影响。根据达朗贝尔定律，加速度的变化可以等效于力的增大。理想气团在平衡条件下，空气阻力保持稳定并等于重力。而加速度变化引起的力可以使粒子产生近似于自由落体运动，但加速度仅为 g 的 1/100000。虽然力很小，但长时间的连续加速会带来巨大的速度变化。更重要的是，下沉形成的气流运动会增强这种效果，导致空气密度稀薄，产生更小的阻力。空气阻力甚至可以消失，在部分下落过程中，形成自由落体。

在流体或颗粒物通过水平运动到不同地理区域时，这种力随着重力和加速度的不断变化而变化，可能增加或减少下落物体的最终速度。为了评估重力异常梯度变化的影响，研究分别模拟了颗粒物从 10000 米、5000 米、3000 米到海洋表面的沉降时间，假设空气阻力保持稳定。在理想的条件下，随着重力增加 100 mGal，从 5000 米的高度下降过程只需要不到 1 小时。如果考虑持续的空气沉降，造成的空气密度和阻力降低，从对流层顶部下降的自由落体将达到约 50 m/s 的高终端速度。这一过程能够为飓风和风切变等气团系统运动提供能量。

　　垂直风切变、气旋和飓风也是由重力剧烈变化引起的。经统计分析，全球超过 70% 的飓风是在高重力异常梯度（>50 mGal/Degree）地区形成的。气团水平运动开始，经过不同区域的重力异常作用会发生垂直运动。当重力异常梯度超过 50 mGal/Degree 时，垂直运动会变得剧烈。在流体力学中，流体速度的增加与压力的降低或流体势能的降低同时发生。流体速度增加导致的气压下降正是形成飓风的基本条件。气团的沉降可以为扰动提供能量。在没有外部空气扰动的情况下，高重力异常区将导致低密度和低压。如果外部空气流过，开始垂直运动，形成垂直气流。持续的弱加速度降低了流体密度，垂直风向下流动形成垂直风切变。重力异常梯度改变了流体的运动方向和速度，引起了一系列极端的气象现象。

　　重力异常梯度理论也可以解释海洋中尺度涡的形成。海水的重力梯度的存在是中尺度涡旋形成的重要原因。这些类型的中尺度涡旋，已在世界主要洋流中被观测到，包括墨西哥湾流、奥拉斯流、黑潮流和南极绕极流。当海流沿重力梯度方向水平流动时，异常梯度由低重力向高重力变化，持续的重力异常加速度会使洋流形成下沉流。相反，在深海重力异常较低的地方会出现上升流。这是一个垂直海流的运动循环，在局部海域重力异常梯度大于 50 mGal/Degree 的地方可以被发现。若存在环形重力异常梯度区，又受科里奥利力、热量及洋流的影响，就会形成中尺度涡旋。这就是为什么墨西哥湾和加勒比海总是更容易出现中尺度涡旋的原因。许多与流体运动有关的自然灾害都是从这些地区开始的，这些地区的重力异常梯度非常高。海流的下降会导致船舶和潜艇的失事，而风切变会增加更多的空难。所以在全球交通网络中回避这些区域是很重要的。飓风和中尺度涡旋可以通过在形成之前增加流体密度来控制。因此，世界上 7.37% 的地区可以采取气象工程等管理措施来减少灾害。气候变化的影响每年都在加剧，人类正在经历温度变化和极端自然灾害。重力异常梯度区的热气团的增加，会引起更多的极端天气。而全球变暖正使越来越多的气团,反复经过这些区域。随着全球变暖和气候带移动，热气团范围正在由赤道向两极方向扩展，原来的温带区域的重力异常梯度区也开始对运动经过的热气团产生作用，并使温带的极端天气增加。有效应对越来越多的极端天气，有必要结合重力异常梯度来监测和预测这些区域的气流状态。

7.4　机器人技术减缓全球气候变暖

7.4.1　机器人绿化

森林砍伐贡献了全球温室气体排放的 15%，每年全球因农业和伐木损失 1000 万公顷的树木，需要种植万亿棵树来扭转森林覆盖面积的减少，并帮助减缓气候变化。一棵成熟的树木在其一生中平均可以捕获 0.62 吨二氧化碳，相当于一辆汽车行驶 2400 公里产生的碳排放量。种植和培育小树的自动森林管理机器人可携带多达 300 棵树苗，可以在不到 6 小时内种植一公顷森林。

7.4.2　机器人控制野火

野火形成火灾不仅破坏人类财产，也释放二氧化碳影响全球气候变暖。近年来，野火在世界各地都变得很常见。野火给动植物物种带来的破坏是众所周知的。它对人类健康和基础设施的影响也是有据可查的。机器人可以帮助我们迅速控制野火，并帮助消防员避免生命危险。配备灭火器和水推进剂的机器人可以用来控制野火。这些机器人可以配备 GPS 技术、计算机视觉、热传感器和人工智能技术。这些技术可以远程控制机器人，并能有效地探测和扑灭火灾。这些机器人可以应用于人类无法进入的地区或对人类生命构成高风险的环境。拥有机械臂和相机传感器的机器人可以用于搜索和救援行动，并帮助拯救被野火困住的动物。因此，机器人可以有效地代替人类进行与野火相关的高风险灭灾操作。

7.4.3　机器人推动食物供给

气候变暖影响着人类的食物来源，在那些不容易从其他地区进口粮食的贫穷国家和农村地区尤其如此。利用人工智能传感器和监视器，机器人可以跟踪植物的生长，并了解哪些物种在恶劣的条件下能生存下来，并茁壮成长。在这种数据分析的帮助下，农民可以选择成活率更高的农作物，增加收入，同时养活周围的人。机器人可以使农业更加环保。它们可以用来检测土壤中的化学物质水平。通过分析这些数据，就可以确定最适宜的化肥用量，无论是化学肥料还是天然肥料，以达到最高产量。其他机器人可以用于自动化任务，如种植、播种和浇水。在机器人的帮助下，所有这些任务都可以在短时间内精确地完成。机器人还可以用于农作物收割，因为带有传感器和计算机视觉的机器人可以确定采摘水果和蔬菜的最佳时间。机器人也可以用于畜牧业，例如，它们可以用来挤奶或管理一群家养的动物。

7.4.4　机器人促进节能减排

要应对气候变化，需要减少对石油等化石燃料的依赖。开发人员正转向开发机器人来帮助可持续地收集能源，并在各个行业和环境中使用它。

有时，保护环境意味着猎杀入侵物种，这些物种会伤害濒危的动植物。澳大利亚大堡礁的棘冠海星就是一个例子。这些以珊瑚为食的海星可以杀死大片珊瑚礁，摧毁数千种脆弱物种的家园。专家表示，这种海星对珊瑚礁的威胁相当于气候变化。机器人能发现并杀死海星，防止海星对环境造成进一步的破坏，处理成本是人类的一半，可以日夜工作，还可以收集温度和盐度等其他测量数据。

　　交通运输对气候变化和碳排放有重大影响。全球 23% 与能源相关的二氧化碳排放是由交通运输造成的。今天的创新者不仅在开发自动无人驾驶的节能电动汽车，还在开发更优质的新能源电池，以减少所有汽车尾气排放对环境的影响。

第8章 环境人工智能与机器人 行为准则研究

　　人工智能和机器人技术已经提出了一些根本性的问题：人类应该用这些系统做哪些工作，系统本身应该怎么运行，它们长期使用有什么风险。人工智能和机器人技术的行为准则涉及到解决各种各样的对人工智能负面影响的忧虑，这是人类社会对新技术的响应。一旦我们理解了一项技术的背景，就需要全社会的响应，包括开展针对性的管理和制定法律等。人类关注的重点是风险、安全和影响的预测。人工智能和机器人的行为准则，即人工智能和机器人伦理学是一个非常年轻的领域，研究潜力非常大，但目前仍处于社会影响的开端。随着技术的发展必然会遇到一系列问题，政策建议等正处于研究阶段。

　　人工智能作为一种具有智能行为的人工计算系统，其应用是为了实现复杂行为。人工智能是创造具人类核心特征的机器，即感觉、思考和智能。人工智能的主要目的包括感知、建模、计划和行动，目前的人工智能应用还包括文本分析、自然语言处理、逻辑推理、博弈、决策支持系统、数据分析、预测分析，以及自动驾驶汽车和其他形式的机器人。无论是受自然认知启发的经典符号逻辑系统操纵，还是通过神经网络的机器学习来实现，人工智能都涉及到使用计算技术来实现这些目标。

8.1　通用人工智能和机器人系统行为准则问题

人类使用人工智能和机器人系统的行为准则问题非常复杂，这些系统或多或少都是自主的，这意味着我们将关注技术在某些应用中出现的独特问题，而在其他应用中则不存在此类问题。人工智能与机器人的设计与其应用具有行为准则相关性。规范人工智能和机器人的行为准则，必须认识并预测这些系统带来的问题。

8.1.1　大数据的使用风险

数字领域在不断扩大，现在所有的数据收集和存储都是数字化的，我们的生活也越来越数字化，数据化信息连接到同一个网络，越来越多的传感器技术在使用、产生我们生活中非数字化方面的数据。人工智能增加了智能数据收集的可能性，也增加了数据分析的可能性。这既适用于对整个人类世界的全面监测，也适用于典型的目标监测。

人工智能在监控领域的行为准则问题不仅仅涉及私有数据的收集原则和引导用户注意力的问题，还包括人工智能使用信息来操纵人类的线上线下的行为，破坏人类的自主理性选择。当然，商业目的有关的操纵行为由来已久，但当使用了人工智能系统后，这种操纵行为可能变成一种欺骗行为。用户因为与数据系统的密切互动，以及由此提供的个人信息，很容易受到操纵和欺骗。

因为收集了足够的私人数据，算法就可以针对个人或小群体，结合收集的特定个人的信息来影响个体的消费等各种行为。许多广告商、营销人员使用他们所掌握的任何合法手段来实现利润最大化，包括利用行为偏见、欺骗和产生成瘾机制。更具体的问题是，人工智能中的机器学习技术依赖使用大量数据进行训练。这意味着利用人工智能需要在数据的隐私权和产品的技术质量之间进行权衡，这需要对侵犯隐私行为进行限制。

　　数据应用的不透明和歧视被称为"数据行为准则"或"大数据行为准则"的核心问题。这种不透明加剧了决策系统和数据集的歧视。许多人工智能系统依赖于神经网络中的机器学习技术，这些技术将从给定的数据集提取模式。使用机器学习获取数据中的模式，并以一种对系统做出的决策有用的方式标记这些模式，而程序员并不真正知道系统使用了数据中的哪些模式。比如一些购物网站智能系统对经常购物的老顾客，有针对性地增加商品价格，使购物网站增加了收入，但对购物者来说，这是不公平的。事实上，程序是不断发展的，所以当新的数据输入，或者获得新的反馈，学习系统使用的模式就会改变。这意味着结果对用户或程序员来说不是透明的。此外，程序的质量在很大程度上取决于所提供数据的质量。因此，如果数据已经包含了歧视，那么程序将重现这种歧视。不透明和歧视本质上是复杂的数据过滤器对机器学习系统的局限性。创建一个数据集就可能涉及到它可能被用于不同类型的问题的危险，然后结果就会对这类问题产生歧视。基于这些数据的机器学习不仅无法识别歧视，还会将历史歧视自动化。因此，机器学习模型的可解释性关系到数据的有用性，确保模型与要解决的问题的内在机制一致。机器学习模型的可解释性研究正成为人工智能领域新的研究重点。

8.1.2　人工智能对就业的影响

人工智能和机器人技术将显著提高生产力，从而提高整体财富。然而，通过自动化提高生产力通常意味着相同的输出需要更少的人力。然而，这并不一定意味着整体就业人数的减少，因为可获得的财富增加了，而这足以增加需求，抵消生产力的增加。从长远来看，工业社会更高的生产率带来了更多的整体财富。过去的劳动力市场变化显示产业发展可能会导致劳动密集型产业转移到劳动力成本更低的地方。而机器人参与生产，会对人类的一些工作岗位产生竞争，但也会提供新的工作岗位。

经典的自动化取代了人类的体力劳动，而数字自动化取代了人类的思想或信息处理，而且与物理机器不同，复制数字自动化成本很低。因此，这可能意味着劳动力市场将发生更彻底的变化。所以，主要的问题是：人工智能和机器人会导致人类大量失业，并引起各类社会问题吗？创造新的就业机会的速度能跟上就业岗位减少的速度吗？即使没有什么不同，转型的成本是什么，谁来承担这些成本？我们是否需要进行社会调整，以公平分配数字自动化的成本和收益？

原则上，自动化对劳动力市场的影响似乎可以很好，巨大的生产力增长会使人类公共假期增加成为现实。失业问题本质上是一个社会问题，涉及国民收入公平分配。生产力增长会带来更多的就业机会，社会管理体系能够更高效地决策科学的社会分配模式。

人工智能的发展对就业的影响是双面的，也是一个渐进的过程，制定人工智能和机器人参与社会就业的行为准则，也需要更进一步的研究。

8.1.3　人工智能自主决策的问题

人工智能自主决策意味着需要承担责任，针对人工智能技术标准，可能需要调整以满足责任和安全的问题。针对安全关键系统和"安全应用"的"可验证人工智能"领域已经存在。

自动驾驶汽车有望减少目前由人类驾驶造成的交通事故和停车焦虑等。然而，自动驾驶汽车应该如何表现，以及在其运行的复杂系统中责任和风险应该如何分配，似乎存在一些问题。让汽车"按规则"驾驶，而不是"根据乘客的利益"或"实现最大效用"，成了对机器行为准则进行编程的标准问题。

8.1.4　超级智能存在的风险

机器行为准则是用来确保机器对人类用户的行为在行为准则上是可接受的。如果人工智能的发展达到了具有人类智能水平的系统，那么这些系统本身就有能力开发出超越人类智能水平的人工智能。这种超级智能人工智能系统将迅速自我完善，或开发出更智能的系统。超级智能可能导致人类被灭绝的风险是客观存在的。"控制问题"是指一旦人工智能系统成为超级智能，人类如何能够保持对它的控制，如何确保一个人工智能系统是可靠的。控制超级智能的难易程度很大程度上取决于超级智能系统发展的速度。这导致了对具有自我完善、自我发展机制的系统的特别关注。

8.1.5　机器人的基本安全性保障

机器人行为准则或者说机器人伦理学是现代机器人技术和人工智能系统中关注的重点。小说家艾萨克·阿西莫夫在他的故事里提出了著名的"机器人三定律"：第一，机器人不得伤害人类，或坐视人类受到伤害。第二，机器人必须服从人类的命令，除非这种命令与第一定律相抵触。第三，机器人必须保护自己的存在，只要这种保护不与第一定律或第二定律相冲突。

机器人和人工智能的安全性一直是一个被广泛研究的话题。在很长一段时间里，人们认为只有在机器人身上或机器人附近安装防护安全系统，如隔离工作空间的安全围栏，才能确保人与机器人之间的安全。然而，这种防护罩在一般的人机交互和真正的协作中是影响工作正常运行的。较实际的目标是使人类和机器人能够安全地共存于同一工作区中，在工作区中可以安全地进行交互。

动态变化的系统状态及其环境也可能产生各种潜在的风险。降低风险的方法是量化在人机交互过程中引起潜在伤害的机械危害。首先可以进行假人碰撞试验和软组织碰撞试验。利用损伤生物力学或法医等领域已经开展的冲击实验的信息，并结合合适的数学模型，可以对冲击场景进行模拟和分析。然后可以定义人体特定部位的特征力轮廓，代表人类和机器人之间有针对性的物理碰撞。这些力的分布反过来又作为定义机器人速度安全极限的基础，从而保证人机交互的安全。

国际标准化组织的 ISO 13482 标准是在对不同机器人碰撞场景下的伤害分析的基础上，制定的人机交互国际安全标准。这是第一个对移动护理机器人或物理助手机器人等个人护理机器人规定安全要求的非工业标准。它定义了非工业应用中地面非医疗机器人操作的安全设计指南和一般安全措施。然而，在实现机器人安全的完全标准化之前，还有许多研究问题需要解决。机器人系统的物理部分是人工智能安全实施的一个例子。机器人的身体，也就是这种系统的机电设计，必须专门为安全的人体 – 机器人物理交互而设计，这就需要以人为中心的开发，在以人为中心的环境中获得最佳的安全性和性能。

8.2　环境机器人特有的行为准则问题

环境科学家和工程师一直在探索机器人在研究和监测方面的应用，以及探索将机器人融入生态系统的方法，以帮助应对加速的环境、气候和生物多样性变化。机器人和其他自主技术的新兴应用带来了新的行为准则和实践方面的挑战。然而，迄今为止，机器人在环境研究、工程、保护和修复方面的关键应用相关的行为准则研究还很少。解释和区分存在的各种环境机器人，并识别它们所呈现的独特的概念、行为准则和实践问题是非常重要的。

机器人可以通过监测污染排放和濒危物种，来减少人类对环境的某些影响。然而，随着环境、气候和生物多样性的加速变化，推动了科学家、工程师和各种利益相关者探索新的环境应用，甚至将机器人技术的功能集成到生态系统中，人类必须面对为大量机器人制定行为准则方面的问题。由于这些技术的本质仍不明确，理解或评估机器人的环境应用存在困难，其可能带来的问题还不太清楚。目前迫切需要对环境机器人进行分类，并分析它们可能带来的影响，制定出环境机器人独有的行为准则。

在全球范围内，前所未有的、加速的环境变化正在发生；包括对资源、经济和公共安全构成威胁的气候变化影响和生物多样性损失。多个国家已明确认识到这些问题的紧迫性，并已开始制定减缓气候变化和适应的措施，以应对目前不可避免的人类驱动的环境变化的影响。全社会推动绿色经济的整体承诺和对可持续技术和实践的追求，意味着环境机器人技术会被越来越多地应用。人类正推动绿色机器人运动的发展。环境机器人技术正在快速扩展，许多环境机器人已经存在，而且它们具备快速开发和使用的潜力，促使人们考虑与此类技术相关的行为准则和实际问题。目前很多研究将机器人的行为准则研究归结为伦理学研究，机器人伦理学的兴起与机器人技术的兴起是同步的。

8.2.1　环境机器人的分类

要弄清楚环境机器人技术的性质和种类，首先要弄清楚哪些技术可以算作机器人技术。在考虑"环境机器人"的概念时，人们可能会联想到人形机器人清理环境毒素或植树的画面。一些环境机器人在某种程度上是这样操作的。然而，事实上目前存在的大多数机器人都不符合那种未来主义的人造人形象。除了一些被商业开发的类人机器人，大多数商业上可用的机器人都更像机器，如农业机器人、无人机、手术机器人。

随着越来越多不同种类的机器人成为现实，与这些想法和不断变化的机器人的流行概念相一致的是，关于机器人是什么的流行概念已经更多地转向根据它们的起源和功能来定义它们。也就是说，对"机器人"的定义不是根据"它们如何模仿人类，但在构造上与我们不同"，而是根据它们是可以被制造出来自主执行特定任务的人造机器。因此，机器人是有意创造的技术，可以根据命令自主执行指定的工作。而环境机器人是那些可以执行环境研究、工程和保护工作的机器人。

机器人可以区分为工业机器人和服务机器人。简单理解，工业机器人在工厂中工作，服务机器人在工厂之外发挥作用。国际标准化组织对服务机器人的定义是：为人类或设备执行除工业自动化应用之外的有用任务的机器人。环境机器人属于服务机器人；这就可以理解为环境机器人就是环境服务机器人。

环境机器人是指那些在服务于环境保护研究和工程方面具有一定自主程度的执行特定任务的服务机器人。然而，环境机器人更广泛的研究领域还包括机器人本身功能可能并不是服务于环保目标，但存在一定的环境影响。这是因为机器人的环境价值和影响可以通过多种方式实现。机器人可以发挥对环境或研究有益的作用，也可以通过使用非传统环保材料来开展环境保护工作。

研究环境机器人，首先必须明确"环境"这个概念在环境学和生态学领域的区别。狭义环境学中的"环境"是以人为中心的，是人类的生存空间及可以影响人类生存发展的各种自然因素；而生态学中的"环境"则是指一切生物的生存状态。虽然大多数广义的语境下，生态和环境的意义是统一的。

生态理念是《联合国气候变化框架公约》的重要理念，机器人在生态研究和工程领域的应用，对扩大环境机器人的技术领域尤为关键。原因是生态学提供了各种因果网络思维的关键，这些思维奠定了当代环保主义和环境伦理学的基础。环境咨询组织将生态学理论、研究和工程实践作为各种规模的环境政策和管理决策的客观指南。环境机器人和生态机器人子类的讨论，将对现有的环境政策框架产生重大影响，这些政策框架越来越注重阐明生态修复工程在生态伦理学层面的意义。

强调环境机器人的生态研究和工程应用的一个相关原因是，促进对环境机器人技术所能发挥的各种功能性生态作用的认识和理解，可能会帮助开发出至关重要的有价值的新防御手段，以应对日益加剧的前所未有的环境变化。

环境保护中应用的通用机器人、专门为环境保护应用而设计的机器人，以及在自然和工程环境中发挥功能性生态作用的机器人，这三类环境机器人存在一定的实质性区别，可以进一步分为生态通用机器人、生态服务机器人、生态功能机器人三个大类。第一类，应用一定生态服务目的通用机器人，称为生态通用机器人。第二类，应用于一定生态服务目的开发的专用机器人，称为生态服务机器人。第三类，在生态服务工作中应用的专用机器人，同时在自然和工程环境中发挥功能性生态作用，称为生态功能机器人。它是生态系统的组成部分。

对环境机器人分类是为了分析环境机器人的行为准则问题。上述三类机器人并不是互斥的；功能的重叠代表了生态通用机器人、生态服务机器人和生态功能机器人可能具备单一或多重用途和功能。

1. 生态通用机器人

生态通用机器人是用于环境应用的机器人技术；包括将通用机器人技术用于此类研究。比如各种用途的无人机，许多敏感物种的环境监测和观察都在使用该技术。生态通用机器人的名称表示生态机器人的一个子类，它们被专门设计来执行通常是乏味的或困难的特定研究任务，它们可以比人类研究人员能更有效地完成这些任务。

因此，虽然利用无人机和类似技术进行环境监测只是一种通用机器人技术的应用，但机器人也可以成为为完成专门的环境研究任务而设计、以编程或其他方式重新装备的生态服务机器人。

无人机在监测工业污染、非法采伐和偷猎行为方面已经被证明是有用的。这种监测可以减少此类违法行为和不负责任的做法。在生态学以及更广泛的应用科学领域，无人机也是最常用的监测工具。

灾难中的应用凸显了使用无人机的好处，并加速了近年来无人机在研究中的广泛应用。特别是，机器人能够被用来监控火山爆发、大规模石油泄漏、地震和海啸。在环境领域使用机器人的一个明显优势是，它们允许对过于危险或人类不可能承受的事件，进行监测和采样。

事实证明，无人机在接近敏感物种方面特别有用，研究人员可以在对研究对象施加最小或可以忽略不计的压力的情况下，观察和监测生物和种群。无人机在 4 米内进行观察，80% 的鸟类活动时间里都不会影响到鸟类。然而，无人机同样会对某些物种造成压力。例如，黑熊会对无人机的出现产生应激反应；尽管无人机在监测濒危犀牛和阻止偷猎方面发挥了至关重要的作用。

无人机无法到达的地方，陆地无人车和水下无人航行器可以到达，尽管它们存在类似的缺陷，但也促进了无人机的研究效率和行为准则方面的发展。例如，研究人员使用自主地面车辆来监测濒临灭绝的企鹅的数量，表明自主机器人的方法比人类研究人员的方法产生的压力反应要低得多。

自主水下无人航行器已经实现了对水生深度环境和物种的探索。同样，它们也使人类研究人员能够在极其危险且复杂的水下环境中进行探索。如在巨大的北极冰盖下进行探索，并追踪水生捕食者。

随着技术的不断发展和相互融合，生态通用机器人的另一个应用是被用来辅助记录生物日志，即"记录和传输动物的运动、行为、生理和环境的数据"。虽然无人机的视频监控只是通用机器人技术的一种应用，但类似的机器人技术可以通过设计、编程或以某种方式重新装备来完成更专门的任务，从而作为生态服务机器人。比如自主无人车四处漫游，并通过植入在单个企鹅体内的标签连续远程记录数据，来监测企鹅的数量和运动。污染跟踪机器人，它们看起来像真实的天鹅，但含有水质监测设备；可自主航行，远程记录数据，并在充电站需要充电时系统地返回充电站。

2. 生态服务机器人

生态服务机器人被设想为用于相关研究的专用服务型机器人，其设计的明确目的是以最大效率执行更高度专业化的研究任务。这类机器人通常被设计用来完成艰巨的专业任务。比如爬树机器人可以应用于对树木的检测、保护，害虫防治和环境监测，并用于生态研究。

在快速扩张的仿生机器人和机器人群体中还包括其他例子，它们被设计用来开展特定的功能性研究。模拟细菌运动的机器人可以模拟细菌对化学浓度梯度的响应，即细菌的化学趋化行为，这样的机器人在环境中，能够在定位和监测化学源及跟踪化学梯度方面发挥很大的作用，并用于各种环境研究。

值得注意的是，许多生态服务机器人的使用功能被纳入了生态系统，这样它们就被区分为生态功能机器人。如当仿生技术被引入自然环境时，仅仅通过模仿生物被设计成的样子，就可以很容易地影响生态功能。如果将树机器人和类似的技术用于清除害虫或物种疾病等，也很容易对生态产生影响。

3. 生态功能机器人

生态功能机器人就是具有一定生态功能的机器人。它们也可以用于研究，也包括具有生态服务功能的生态服务机器人。

（1）机器人扮演生态角色。例如充当捕食者；或通过自主行为或对关键环境变量的控制来增强生态功能，例如增强生态系统服务。比如无人航行器利用视觉识别技术自动寻找掠食性的海星，并给它们注射毒素来摧毁这些捕食者以保护珊瑚礁系统。还有设计成狮子鱼捕食者的生态功能机器人●，以狮子鱼为目标开展食物链高级捕食者的替代行为。作为一种不被其他海洋物种捕杀的高效顶级捕食者，狮子鱼有 18 根毒刺，能在短短 1 个月内减少珊瑚礁

● GROSSMAN D. This robot will hunt lionfish to save coral reefs [EB/OL].（2018-08-28）[2022-09-19]. https://www.popularmechanics.com/technology/robots/a22839698/lionfish-hunting-robot/.

生态系统 80% 的鱼类，这种捕食者生态功能机器人可能会用来拯救地球珊瑚礁。同样，许多种类的仿生机器人正在被探索，以抵御日益增长的前所未有的环境变化及其对资源的影响。

仿生蜂群"操作系统"可以让研究人员给蜂群机器人编程，让蜂群在陆地、空中和海洋等自然环境中执行复杂的任务。飞行的微型机器人可以用来在田野中授粉，或者可以被编程来建造 3D 结构，飓风来临之前沿着脆弱的海岸线堆积沙袋，或者在有毒化学物质泄漏区域周围设置屏障。使用场景还有很多，微小的机器人蜂群可通过修复珊瑚或树木来系统地修复环境破坏，通过清除入侵物种或清除污染物减轻生态威胁。

（2）可人工控制的生物机器人。这类生态功能机器人，利用生态系统中可控的物种执行生态任务，重新利用自然生态功能来帮助环境保护和修复。其起源就是用于植物修复的各类植物。植物修复技术利用植物及其相关的根际微生物去除土壤、地表水或部分大气中的有毒物质。植物修复技术在世界范围内已经得到了普及，而且越来越多的植物修复技术被用于清除各种污染物，包括石油、多氯联苯、农药、爆炸物和重金属。

通常认为用于环境修复的植物不是机器人，因为植物肯定有悖于机器人的传统概念。然而，根据机器人的基本特征，应该扩大机器人定义的边界。机器人必须执行对人类有用的任务和命令，并且必须具有一定程度的自主权。值得注意的是，经过改造的植物和生物膜能够接受命令。它们可以通过改变光线和营养来控制反应速度。如果给树木提供更多的氮，它们会更快地吸收受污染的水；如果有人想让它们停止运行，可以阻止它们接触紫外线。这些都是命令，植物通过它们的中央控制机制自主做出反应。

机器人本质上是"人类创造的技术，可以根据命令自主执行特定的工作"。被重新利用的自然植物也是机械性的，因为它们通过生化机制运作并执行机械功能。如今，很多植物也是人造的，因为它们通过应用基因工程，或是通过选择性育种来获得性状。许多这样的技术已经被用于执行环境修复功能，代替人类体力劳动来清除污染物，并越来越多地充当生态功能机器人。

无论重新利用的有机体是否可以被视为机器人，生物所具备的自主技术特征更确切地属于机器人的标准概念，因为它们被有意地设计来执行特定的自主服务功能。例如，利用大型植物来实现最大限度的修复功能。通过基因工程设计的杂交树通过表型变异，达到快速生长。与自然产生的物种相比，大型植物被综合设计和改造以在各种条件下极其迅速地生存和生长，并吸收蒸发大量的污水，通常每年生长几米，每天可以处理蒸发100升以上的污水。

（3）可控的微生物生态系统。利用微型植物和细菌可以制造纳米生态功能机器人使用的生物膜。生物膜经常被认为是对生态功能和生态系统健康的威胁，因为藻类植物和相关的细菌可以造成水生生态系统的许多问题，如富营养化。然而，许多生物膜系统作为生态机器人，可以用于去除污染物，如石油和其他工业污染物。从本质上说，这些生物膜系统由细菌制造，并由微型植物基质实现自主降解过程，该系统在设计的生长表面能够自主生长，将污染物转化，生产出各种生物体食物，从而服务于生态功能。

更复杂的由可控的微生物生态系统组成的生态功能机器人融合了各种植物修复和过滤过程。机器人利用一系列包含不同种类的生态系统的水箱，以不同的方式处理水中的污染物和废物。不同的内部生态系统，通过在每个水箱中使用不同的技术来自主发展；生态系统会根据水化学的变化来适应或自组织、重组它们的组成。主要用于净化湖泊系统的污水。许多这种类型的生态功能机器人已经被开发出来，并且可以在不同程度上融入其他技术。这样的生态功能机器人使用太阳能驱动的运动或化学定向导航，也可以用作无人航行器的传感器，可以远程记录数据用于研究目的。

（4）混合机器人。混合生态功能机器人是集成生命机器和中央计算机控制的反馈系统，组成了能够对不断变化的环境变量做出自适应响应的机器人。这些相对复杂的生态功能机器人将被应用在生态工程中，包含了生物和信息技术组件相互作用的生态系统。混合生态功能机器人通过计算机系统集成控制关键生态过程，实现自主反馈，以控制整个系统的功能。比如利用溶解氧传感器、紫外线灯和计算机数据记录，将人工反馈回路集成到水生生态系统中。在这个生态机器人中，当溶解氧水平低于最佳藻类生长水平时，计算机就会打开灯来刺激光合作用，而当测量到的溶解氧水平过高，达到最佳的系统条件时，灯则会关闭。也可以使用计算机系统和传感器作为系统功能指示器，以建立更复杂的系统，获取自主的反馈。例如由 pH 值高低来触发反馈，或是使用控制反馈的功能指标，维持水生系统中用于水质修复的生物膜生长速率。

值得注意的是，这些实验混合生态功能机器人的能源都是自给的，并在实验室和现场实验中被密切监测。将这种混合生态机器人技术融入太阳能或风能，会产生出更多高度自主的应用。也可以很容易地想象这样的混合系统如何不断扩大规模，并可以成为更大、更复杂的互联的自主混合生态机器人中的子系统。今天，一整片森林、一个湖泊或一座城市都可以很容易地变成一个带有许多较小子系统的大型混合生态机器人。

8.2.2　环境机器人行为准则的探讨

环境机器人行为准则的制定，要根据环境机器人的类型进行有针对性的研究。上面讨论的不同种类的环境机器人以不同的方式执行不同的功能，如监测、样本收集、仿生和修复；这些机器人用来保护和提升环境资源的价值，这些应用都应该被认为是创新和积极有益的。公众通常也认为环境机器人是对人类有益的，有积极使用的意愿。

1. 潜在风险分析

人类必须意识到，所讨论的每一种环境机器人都带来了机器人的行为准则问题和潜在风险，这些风险必须与它们的潜在积极因素一起解决。比如使用无人机监测濒危物种，以及无人机的存在给一些物种造成压力的行为准则问题。这可以帮助指导什么时候适合使用无人机进行此类研究，什么时候不适合。这样的问题也与设计因素有关，因为无人机可以通过伪装，减少生物压力的影响。

人类一旦意识到各种环境机器人的能力、自主水平和潜在的影响的变化，在实践中新的行为准则出现的概率就会大大增加。前面提到的机器人分类方法可以帮助归纳和整理这些问题，它是有效评估环境机器人提出的行为准则和实践挑战所需的概念机制的一部分。需要通过设计一种行为准则框架，来分析每种环境机器人相关的敏感问题。

环境伦理学涉及人类对环境的责任问题。机器人伦理学是一门相对较新的学科，主要关注机器人进入人类生活的各个方面所产生的行为准则问题，以及它们可能如何影响生活质量和福祉。制定机器人行为准则既是前瞻性的，也是回顾性的；它涉及机器人的各个生命阶段，即设计阶段、生产阶段、使用阶段和移除阶段。机器人伦理学家提出了三个重要的维度来揭示行为准则问题的范围，即设计机器人的人的行为准则、使用机器人的人的行为准则及机器人本身的行为准则。因此，对环境机器人的行为准则的分析必须涉及机器人的各个生命阶段，以及需要为机器人的影响承担责任的人。

　　因此，有多种方法来解决环境机器人可能带来的行为准则问题。在应用伦理学的传统中，人们可能会使用一种特定的伦理学理论来评估不同类型的机器人在不同场景下的影响。机器人可以用于减少或消除污染、预防可再生和不可再生资源的枯竭，或防止环境退化（如生物多样性下降）。机器人也可能会增强上述问题的负面影响或创造新的问题。

　　不同类型的环境机器人造成的各种不良影响问题都是需要研究的。通过与其他用于观察和监测物种的技术进行对比，可以看到生态服务机器人的行为准则问题。传统的生物监测技术使用微型动物信息来记录数据。用于监测的机器人也可以像更标准的生物日志技术一样提供数据，但可能给其他物种带来潜在的生理方面的压力。生态机器人的生态观测需要制定行为准则，实现如对某些鸟类进行侵入性较小的监测。

　　人工智能机器人在某些情况下可以减少偷猎行为，但这类机器人的另一个潜在问题是生态机器人可能被黑客攻击，或信息被恶意利用。如果机器人被用于收集人类的图像或数据，这可能会引发对数据隐私和参与者知情权的担忧，例如，用于监控的机器人也能够捕捉附近人类的信息。因此，这类技术可能会带来数据来源和数据保护方面的担忧。

　　用机器人进行监测，数据收集的早期阶段仅用于分析原始数据，并没有应用在知识发现和决策用途。进一步的人工智能分析，如对物种迁徙模式的监测可以提供有关气候变化对这些物种和其他物种影响的证据。如果这些独特的结论被无人机等机器人所支持的新研究所证实，这就引出了一个问题：机器人是否有责任分享这些新的信息及其影响，并且会出现许多关于机器人有责任分享什么内容的问题。在生态系统中使用机器人，有可能会涉及机器人所要担当的用户责任的新问题。

2. 严重危害分析

当然，更大的负面隐患集中在生态服务机器人可能带来的各种危害上。某些技术的存在除了会对某些物种造成生理上的压力，这类技术也可能会出现故障，并造成伤害，如无人机坠毁的情况发生。这些事故造成伤害的可能性并不是机器人所独有的，人类首先需要严格执行机器人设计的行为准则。

生态机器人的某些关键行为准则主要是针对这类机器人的潜在用户：对被观察物种的影响，数据收集的安全性，以及对收集到的数据的使用的规范和限制。

对于生态功能机器人，为用户和为设计师制定机器人的行为准则问题更为迫切，因为这类机器人很可能通常不是重新利用现成的机器人，而是专门为特定的环境和使用而设计的。有一些关于生态功能机器人的用户或使用的具体问题。首先，人们可能会质疑这样的技术是否构成对自然的篡改，它是否合理，以及如何系统地处理这种合理的做法。生态功能机器人引发的一个核心问题是它们对所处的生态系统的维护和持续管理的责任。如果这个系统依赖机器人来完成一个角色或功能，那么这样一个机器人的故障或移除会削弱这个生态系统吗？机器人是否有可能成为某些系统繁荣发展的必要条件？如果是必要条件，那么有人可能会建议，机器人用户有责任无限期地维护和管理这些生态系统。

对于生态功能机器人来说，设计师在某些情况下可能会承担很大的设计责任；这样的机器人将在生态系统和社会生态系统中被赋予功能性角色，它们将被整合到这些系统中，应用将涉及到它们的组成和设计功能的长期影响。

引入生态系统的无机材料的使用会导致对环境质量破坏的担忧，但将工程有机材料引入自然环境可能会造成更多负面影响，可能导致对人类健康和自然生态系统的破坏。具有活性生物膜的机器人，在没有直接人工输入的情况下可能会改变自身的形式或功能，对它们的发展具有不可预测性。

更令人担忧的是集成计算机的混合生态机器人，人类用户可能会失去对置于生态系统中的生态功能机器人的控制。随着与机器人相关的主要技术学科的融合，人工智能是机器人和机器学习的驱动力，大数据也是人工智能的驱动力。一些生态机器人可能获得通过机器学习和大数据反馈进行一定程度自主决策的能力，从而不再需要人类决策。环境机器人的行为准则制定必须面对关于赋予混合生态机器人行使不同种类自主权的紧迫问题。失去对混合生态机器人的控制，以及可能因黑客攻击而带来风险都是这类机器人的潜在风险问题。如果混合系统变得更大、更复杂，就可能无法得到有效控制。

3. 发展建议

环境机器人并不会因为它的潜在负面影响而停滞发展，如何建立机器人的行为准则是亟待解决的问题。机器人将成为未来全球经济的驱动力，在环境研究和工程中增加使用机器人的趋势将继续下去。研发环境机器人应该以一种负责任的方式进行，需要为其建立最佳应用模式。环境机器人伦理学的发展需要人文学科的参与，也需要技术部门的设计研发。加快研究环境机器人行为准则是避免负面影响的主要方式，环境机器人的长远发展必然是有益于人类的。

为此，人类需要通过以下方式加速解决生态环境机器人伦理问题：解释和分类现有的生态环境机器人种类；并进一步探索它们潜在的有价值的应用，以及对它们可能带来的伦理、实践和社会问题提出建议。在这个过程中，人类为机器人提供了资源，这些资源将促进对新兴环境机器人技术可能带来的潜在挑战进行更有针对性的分析。一些科学家认为自主机器人可能代替人接管世界;考虑到各种自主环境机器人可能带来的伦理问题,人类必须认真关注。自主机器人的未来通常将最可能依赖人工智能来提高自主水平,人工智能算法通常将依赖大数据进行训练。自主环境机器人被认为对人类过于危险,但机器人可以到达人类不可能到达的领域,这使得开发更高度自主的机器人非常有吸引力。因此,随着生产和用于环境保护的机器人增加,不可避免地会出现越来越多的高度自主的环境机器人。科学地设计人类可控的环境机器人必须从研究工作入手,建立可监督的自主机器人理论,算法创新将是这类机器人可靠性提高的主要途径,而类似脑神经研究的深入发展会推动自主机器人的完善。这个实践过程中可能会有各种不确定性事件发生,人类必须要有充分的技术准备来应对黑盒处理器带来的负面影响。

作为人工智能的设计者,在人工智能的应用方式方面,评估人工智能的风险,其中不仅包括技术方面的风险,而且包括人工智能开发与运用带来的环境风险,预测可能出现的最坏情况。只有事先估算人工智能可能出现的最坏情况及各类风险,才能克服恐惧心理,制定应对相关风险的技术–行为准则策略。由于人工智能的学科范畴是自然科学和人文社会科学的交叉,因而制定应对相关风险的技术–行为准则策略,须构建既有科学家与工程技术人员参与,又有行为准则学家、社会学家、法学家、心理学家等多方面专家参与的研究团队,多层次、多视域综合探索人工智能系统可能存在的安全隐患和行为准则风险等问题,构建相关的控制机制,提出有效应对的行为准则策略,建立健全相关的法律法规与应急方略。与此同时,在全球化时代,还须建立全球协商机制,以共同应对人工智能及与之相关的物联网、大数据等发展中凸显的行为准则问题和一系列生命行为准则危机、生命行为准则风险,并可以从生命行为准则学视域提出相关的具有前瞻性的应对策略,推进人工智能及与之相关的网络、信息科学及大数据等健康发展。

第9章　人工智能革命与人类的绿色未来

发展人工智能最重要的考量是确保它造福人类，包括既对人类友好，又对地球友好。除了加强当前针对环境问题的措施等，人工智能还存在支持创造未来人类生存模式的巨大潜力。人工智能的应用及与第四次工业革命的其他技术结合，有潜力为实现未来人类的可持续优质生活提供一系列变革性的解决方案。

9.1　自动驾驶和联网电动汽车

在自动联网电动汽车的发展过程中，人工智能将起到至关重要的作用。在减少温室气体排放和提供更清洁的空气的同时提高了机动性。基于机器学习的自动驾驶电动汽车将提高交通网络的效率，因为联网车辆可以相互通信，并与交通基础设施进行通信，以识别危险，同时优化导航和网络效率。通过大数据支持的需求响应软件程序，电动汽车充电价格将变得更加低廉。清洁、智能、互联、日益自动化和共享的短途运输将把人工智能与第四次工业革命的其他技术结合起来，特别是物联网、无人机和先进材料（如电池突破）。交通需求的增加可能会抵消一些效率的提高，但总体而言，由人工智能支持的智能交通系统有望降低排放。提高效率也可能会鼓励汽车共享，减少汽车拥有量，进一步减少制造和营运车辆的排放。

不过，在城市中向联网自动车队的过渡将是循序渐进的，而且各国的情况也各不相同。完全自治的城市车队成为常态可能还需要几十年的时间。除了开发技术外，还需要解决与公众接受、法律和保险责任问题以及充电基础设施的提供有关的挑战。此外，车辆更换周期大约需要 15~20 年。

虽然完全实现汽车自动驾驶（完全没有人工干预）可能还需要几十年的时间，但自动辅助驾驶汽车（高度自动化，但在需要时由司机接管）已经在道路上进行测试。在这个层面上，汽车可以在城市中行驶，并提供按需移动服务。更多实质性的减排效益也开始显现。

9.2　分布式电网

在能源网格领域，包括深度学习在内的机器学习在工业界的应用日益广泛。对于环境而言，利用人工智能来制作分布式电网实现大规模提供能源对于电网脱碳、扩大可再生能源的使用（和市场）及提高能源效率至关重要。人工智能可以提高可再生能源需求和供应的可预测性，改善能源存储和负荷管理，帮助可再生能源集成和提高可靠性，实现动态定价和交易，创造市场激励。具有人工智能能力的"虚拟发电厂"可以整合、聚合和优化太阳能电池板、微电网、储能装置和其他设施的使用。分布式能源电网也可以扩展，纳入新的能源来源，如太阳能喷涂或汽车喷漆基础设施，并允许人工智能支持的"太阳能道路"进一步扩展、链接和优化电网。例如，在太阳能道路中，人工智能可以让道路学会加热以融化积雪，或者根据车辆流量调整车道。

智能电网还将使用第四次工业革命的其他技术，包括物联网、区块链（用于点对点能源交易）和先进材料（用于增加分布式能源的数量和优化能源存储）。

所有这一切都需要充分的监管，以确保软件的安全和完整性、知识产权的所有权和控制（这可能有助于解锁投资和创新）、机器学习驱动操作元素的管理和责任，以及能源转移和交易的监管框架，通常是虚拟的。随着经济和定居点从"重型基础设施"转向低环境足迹的"智能"基础设施，分布式电网的去中心化性质意味着它们有潜力在全球应用。

9.3　智能农业

预计精准农业（包括精准营养）将越来越多地涉及农场层面的自动数据收集和决策，例如以最佳方式种植、喷洒和收获作物，以便及早发现作物疾病和问题，及时为牲畜提供营养，并总体上优化农业投入和回报。这有望提高农业的资源效率，减少对水、化肥和杀虫剂的使用。在这里，第四次工业革命与人工智能结合的关键技术包括机器人智能制造和高级智能对话机器人、无人机、合成生物学（如作物基因组分析）和先进材料。机器和深度学习也将与物联网及无人机协同工作。传感器测量作物水分、温度和土壤成分等条件，将为人工智能提供自动优化生产所需的数据，并触发添加水分等重要行动。无人机越来越多地用于监测情况，并与传感器和人工智能系统进行通信。对数据所有权的监管、大宗商品的定价算法以及跨境数据流，将需要与这些快速增长的技术同步发展。"智能农业"有潜力从根本上改变农业，改变20世纪的大规模耕作方式。

人工智能可以让农场变得几乎完全自主。农民也许能够以共生的方式种植不同的作物，利用人工智能来发现或预测问题，并通过机器人采取适当的纠正措施。例如，如果一种玉米作物被认为需要增加氮，人工智能支持的系统可以提供营养，人工智能增强的农场还可以根据供求数据自动调整作物数量。这种生产方式对地球周期的适应性更强。

在未来，人类饮食需求成分的量化水平会提高，因为智能程序可以根据个体身体的数据来安排他们的食物摄入。将机器学习应用于这些数据可以生成针对个人优化的个性化营养计划。当与自动农业、自动配送车辆、内部机器人厨师和内部垂直农业相结合时，整个食品供应链可以得到优化和改造，在提供高产量的同时创造出浪费最少的供应链。

9.4 社区灾难应急响应数据和分析平台

应急部门应对灾害的速度和有效性对防灾减灾有重大影响。各种灾难性的事件会带来社会的经济损失和人类的痛苦。但是，由于缺乏信息、分析洞察力和对最佳行动方案的认识，灾难响应往往会出现延误。必要的数据往往存在，但在各组织之间是分离的，因此大多数社区无法有效获取。更好的恢复重建规划也是减轻未来自然灾害损害的一个重要组成部分。人工智能可以用来对一个地区的多维数据进行分类，并确定哪些方面对恢复影响最大。人工智能可以运行和分析一个地区不同天气事件和灾害的模拟，以寻找漏洞，并在恢复工作中制定最稳健的弹性计划。

新的规则和工具混合系统可以利用数据和人工智能技术建立一个"社区分布式数据托管"系统，通过协调应急信息能力来加强灾害准备和响应。当灾难发生时，将启动预先定义的数据使用，使应急人员有更好的工具来了解当地情况并采取准确的行动。例如，机器学习与自然语言处理算法相结合，可以确定分发和疏散的最佳站点和路线、所需救援数量及最佳救援时间。在这里，人工智能将与包括无人机和物联网在内的第四次工业革命技术相结合。深度强化学习会被整合到灾难模拟中，以确定最佳应对策略。利用人工智能提供更好的灾害应对和规划需要合作。例如，一个由技术、法律和会计专家组成的社区将需要指定关键数据集和标准化方法，定义利用程序接口和机器学习工具安全、负责地访问关键数据，并为利益相关方在系统内操作建立条款和条件。

9.5　人工智能设计的智能宜居城市

除了自动驾驶汽车，深度学习还有望实现更好的城市规划，以最小的代价打造弹性、以人为中心的城市，消除空气污染的环境影响。人工智能生成的数据和虚拟现实技术相结合，可以被城市规划者、基础设施投资者、防灾准备人员及灾后重建人员使用。

人工智能、智能电表和物联网还可以帮助预测和优化城市能源生产和需求，无论是在全市范围，还是在个人住宅和建筑层面。实时人工智能优化的能源效率可以对能源消耗产生直接和实质性的影响。

结合全市的能源和水资源消耗、可用性、交通流量、人流和天气等实时数据，可以创建一个"城市仪表盘"。随着人工智能的加入，可以优化整个城市的水和能源使用，在减少污染和拥堵的同时，可以减少对昂贵的额外基础设施的需求，从而减少城市的能耗和物耗水平，提高其宜居性。

9.6　地球的实时数字监测中心

实时、开放的地球数字地理空间监测中心将使环境系统的监测、建模和管理达到前所未有的规模和速度。范围从打击非法砍伐森林、水循环管理和偷猎到空气污染、自然灾害响应和智能农业。人类面临的挑战是构建真正具有变革意义、易于实时使用、开放获取和数据密集的智能监测分析系统。这需要全球的紧密协作和定制全面的数据共享协议。

　　系统收集公共和私人系统的数据，以实现全面的地球观测。首先，系统需要对这些数据进行分析和检索，这就需要工具来提取和标记相关信息。人工智能可以帮助我们解决这一挑战，因为我们建立了一个可用数据监测中心，包括环境和经济数据。这对自然资源管理的影响可能是深远的。建立地球的三维模型需要高分辨率的地球陆地、海洋的影像，将计算机视觉技术和机器学习结合起来，能够对地球系统管理开发进行分析。

9.7　人工智能的科学研究系统

　　强化学习可以不断发展，使其应用于解决现实世界的问题，包括解决地球科学家尚未解决的问题。这会推动科技进步和促进科学领域的新发现。充分地定义边界条件，将强化学习应用于自然系统研究领域成为可能。考虑到完全定义现实世界问题的边界条件的局限性，将有监督和无监督学习相结合的混合方法成功得到应用的可能性比较大。要了解哪些真实世界系统可以被编码并优化以加强学习，需要人工智能和相关领域专家之间的合作。如在材料科学领域，可以用来寻找室温水平的超导体，使电流可以无电阻流动，进一步能够建立非常高效的电力系统。算法一开始会结合不同的输入，比如各种材料的原子组成及其相关性质，直到发现人类遗漏的东西。

9.8　人工智能的计算能力发展

提高人工智能的计算能力的手段将日益多元化，如深度学习芯片、利用云计算，以及使用分布式计算和量子计算的能力。所有这些进步提高计算处理能力将使大数据分析和人工智能能够大规模优化，扩大对环境挑战的应对能力。与此同时，量子计算的进步可能会从根本上为科学发现提供新的机会。经典的计算机不能像自然界那样计算；它们仅限于人类制造的二进制代码，而不是自然系统中的连续变量。量子计算机打开了解决自然界存在的量子问题的大门，并发现了地球系统真正工作的方式：从量子化学的关键应用，到量子物理和力学。这可能发现新的先进材料和新的生物过程（如能量转移、细胞生长、生态系统动力学），以及推动行星物理建模。

总之，技术创新对环境保护和人类发展非常重要，在漫长的历史进程中，技术创新为人类提供了解决复杂问题的方法。减轻和补救人类活动对环境造成的破坏，恢复生态系统，保护生物多样性，创造更可持续的工业和能源，是各国政府和环境科学家面临的挑战。环境问题的解决途径就是提供有效的反污染策略。虽然人类可能无法 100% 逆转工业化的负面影响，但技术创新正在帮助限制污染的产生，使世界变得更清洁。除了减轻已经造成的污染和损害，另一个主要发展方向是无污染的绿色技术。

目前的人工智能和机器人的技术也存在局限性，机器人将拥有的自主能力以及人工智能整合方面的问题亟待解决。然而，随着新技术的发展，用于监测、缓解和逆转污染物对环境造成破坏的机器人也在不断改进。机器学习、群体机器人、纳米技术和生物机器人正在被研究和开发用于环境机器人的应用。环境机器人和其他人工智能技术一样，将推动环境工程技术的日益创新，人类将会生活在更美好的环境中。随着这一行业的发展，利用机器人实施污染防治措施将为子孙后代继续努力保护人类的环境带来益处。数字经济时代，人工智能正成为引领科技创新和产业发展的核心力量。人工智能产品与服务正在持续地渗透到人们的日常工作、生活、学习和社交等领域，也推动国内各区域、各类型的科技企业和传统产业企业纷纷向人工智能领域开拓。新一代人工智能正在全球范围蓬勃发展，全球正在迎来人机协同、跨界融合、共创分享的智能时代，深刻影响着经济和社会发展。经过多年的持续发展，中国在人工智能领域取得重要进展，国际科技论文发表量和发明专利授权量已居世界前列，部分领域核心关键技术实现重要突破。

参考文献

[1] 国务院. 国务院关于印发新一代人工智能发展规划的通知 [EB/OL].（2017-07-08）
[2022-09-19]. http://www.gov.cn/zhengce/con - tent/2017-07/20/content_5211996.htm.

[2] 李德仁，张良培，夏桂松. 遥感大数据自动分析与数据挖掘 [J]. 测绘学报，2014，
43（12）：1211-1216.

[3] 原民辉，刘韬. 空间对地观测系统与应用最新发展 [J]. 国际太空，2018（4）：8-15.

[4] 蒋兴伟，何贤强，林明森，等. 中国海洋卫星遥感应用进展 [J]. 海洋学报，2019，
41（10）：113-124.

[5] 杨元喜，王建荣，楼良盛，等. 航天测绘发展现状与展望 [J]. 中国空间科学技术，
2022，42（3）：1-9.

[6] 李晓光. 生态环境大数据研究与应用进展 [J]. 环境与发展，2020，32（4）：193-194.

[7] 赵苗苗，赵师成，张丽云，等. 大数据在生态环境领域的应用进展与展望 [J]. 应用生
态学报，2017，28（5）：1727-1734.

[8] 李荔. 大数据生态环境下的政府信息资源治理模式研究 [J]. 信息技术与标准化，2020
（10）：12-16.

[9] BECH, MICKAEL, KRISTENSEN M B. Differential Response Rates in Postal and Web-
Based Surveys in Older Respondents [J]. Survey Research Methods，2009，3（1）：1-6.

[10] 姜喆.人工智能在环境监测中的应用 [J].节能与环保，2020（Z1）：99-100

[11] 李森.浅谈人工智能技术在物联网中的运用 [J].数字通信世界，2019（11）：175.

[12] 毛锐.人工智能与计算智能在物联网方面的应用探究 [J].信息与电脑（理论版），2019（14）：132-134.

[13] 郝武伟.人工智能与计算智能在物联网方面的应用探究 [J].信息系统工程，2017（9）：92.

[14] 费彦肖，吴俊星.5G 与 AI 融合技术在智慧环保领域的应用研究 [J].智能城市，2020，6（7）：152-153.

[15] LEE C T，PAN L Y，HSIEH S H. Artificial Intelligent Chatbots as Brand Promoters：A Two-Stage Structural Equation Modeling-Artificial Neural Network Approach [J]. Internet Research，2022，32（4）：1329-1356.

[16] 何清，李宁，罗文娟，等.大数据下的机器学习算法综述 [J].模式识别与人工智能，2014，（4）：327-336.

[17] 王炜.大数据环境下的机器学习算法 [J].信息系统工程，2016（7）：133.

[18] 陶阳明.经典人工智能算法综述 [J].软件导刊，2020，19（3）：276-280.

[19] 罗会兰，陈鸿坤.基于深度学习的目标检测研究综述 [J].电子学报，2020，48（6）：1230-1239.

[20] 万里鹏，兰旭光，张翰博，等.深度强化学习理论及其应用综述 [J].模式识别与人工智能，2019，32（1）：67-81.

[21] 刘全，翟建伟，章宗长，等.深度强化学习综述 [J].计算机学报，2018，41（1）:1-27.

[22] 赵冬斌，邵坤，朱圆恒，等.深度强化学习综述：兼论计算机围棋的发展 [J].控制理论与应用，2016，33（6）：701-717.

[23] 多南讯，吕强，林辉灿，等.迈进高维连续空间：深度强化学习在机器人领域中的应用 [J].机器人，2019，41（2）：276-288.

[24] 乔风娟，郭红利，李伟，等.基于 SVM 的深度学习分类研究综述 [J].齐鲁工业大学学报，2018，32（5）：39-44.

[25] 宋国平，张家晨.基于群体智能技术的人工神经网络结构优化研究 [J].重庆理工大学

学报（自然科学版），2020，34（8）：143-148.

[26] 吴汉东 . 人工智能生成发明的专利法之问 [J]. 当代法学，2019，33（4）：24-38.

[27] 刁舜 . 人工智能自主发明物专利保护模式论考 [J]. 科技进步与对策，2018，35（21）：119-125.

[28] 雷健 . 人工智能在水环境监测的关键技术研究与工程实践 [J]. 价值工程，2019，38（22）：215-219.

[29] 王旭，王钊越，潘艺蓉，等 . 人工智能在 21 世纪水与环境领域应用的问题及对策 [J]. 中国科学院院刊，2020，35（9）：1163-1176.

[30] 王俭，孙铁珩，李培军，等 . 基于人工神经网络的区域水环境承载力评价模型及其应用 [J]. 生态学杂志，2007（1）：139-144.

[31] 张恒德，张庭玉，李涛，等 . 基于 BP 神经网络的污染物浓度多模式集成预报 [J]. 中国环境科学，2018，38（4）：1243-1256

[32] 欧阳秋萍，李杰，沈林成 . 考虑 3G/4G 网络特性的多无人机环保监测任务调度 [J]. 计算机应用，2016，36（3）：871 -877，882.

[33] 赵阳 . 机器人技术在治理排水管网中的应用与研究 [J]. 世界有色金属，2015，8（14）：14-16.

[34] 于德浩，张平 . 植物修复技术在地表水污染治理中的应用 [J]. 城镇供水，2014，2（9）：20-21

[35] 徐少川，阎相伊，刘宝伟，等 . 智能控制在净水混凝投药系统中的应用［J］. 中国给水排水，2017，33（13）：60-63.

[36] 金亚飚 . 工业智慧水务的研究和探索［J］. 工业水处理，2020，40（2）：11 － 13.

[37] 季斌 . 监测数据资源化：大数据时代下的水质检测工作［J］. 净水技术，2017，26（9）：1-3.

[38] CRESPI A，IJSPEERT A J. Salamandra robotica：A biologically inspired amphibious robot that swims and walks[M]//Artificial Life Models in Hardware. Berlin，Germany：Springer，2009：35-64.

[39] WESTPHAL A，RULKOV N F，AYERS J，et al. Controlling a lamprey based robot with an electronic nervous system [J]. Smart Structures and Systems，2011，8（1）：39-52.

[40] 郁树梅，王明辉，马书根，等 . 水陆两栖蛇形机器人的研制及其陆地和水下步态 [J]. 机械工程学报，2012，48（9）：18-25.

[41] GRITHS G. Technology and Applications of Autonomous Underwater Vehicles [M]. New York，USA：Spon Press，2003，24503 Pre

[42] 黄越 . 管道清淤机器人的研制及其位姿纠偏特性研究 [D]. 北京：北京交通大学，2018.

[43] 朱光召 . 城市排水管道检测机器人研究与开发 [D]. 沈阳：沈阳工业大学，2017.

[44] 骆煜，黄大为 . 地下管网清淤机器人开发前景浅析 [J]. 建设机械技术与管理，2020（33）：11-13.

[45] 王振豪，梁爽，李若飞，等 . 人工智能在大气环境监测的应用研究进展 [J]. 环境与发展，2019，31（8）：174-176.

[46] 田芳 . 无人机在大气环境监测中的应用分析 [J]. 资源节约与环保，2018（7）：43.

[47] KAMIŃSKA J A. A random forest partition model for predicting NO2 concentrations from traffic flow and meteorological conditions [J]. Science of the TotalEnvironment，2019（651）：475-483.

[48] 蔡旺华 . 运用机器学习方法预测空气中臭氧浓度 [J]. 中国环境管理，2018，10（2）：78-84.

[49] 周冯琦，张文博 . 垃圾分类领域人工智能应用的特征及其优化路径研究 [J]. 新疆师范大学学报（哲学社会科学版），2020（4）：1-10.

[50] RATHORE P，SARM AH S P. Economic，environmental and social optimization of solid waste management in the context of circular economy [J]. Computers & industrial engineering，2020（145）：6-65.

[51] 黄国维 . 基于深度学习的城市垃圾桶智能分类研究 [D]. 安徽理工大学，2019.

[52] 江辉 . 基于 RFID 的智能垃圾分类系统的设计与实施 [J]. 安徽电子信息职业技术学院学报，2018（4）：10-13.

[53] 朱莹. 智能垃圾桶的设计与研究 [D]. 徐州：中国矿业大学，2019.

[54] BASHEERA I A，HAJMEER M. Artificial neural networks：Fundamentals，computing，design，and application [J]. Journal of Microbiological Methods，2000，43（1）：3-31.

[55] HEUNG B，HO H C，ZHANG J，et al. An overview and comparison of machine-learning techniques for classification purposes in digital soil mapping [J]. Geoderma，2016（265）：62-77.

[56] BREIMAN L. Random forests [J]. Machine Learning，2001（45）：5-32.

[57] 李苍柏，肖克炎，李楠，等. 支持向量机、随机森林和人工神经网络机器学习算法在地球化学异常信息提取中的对比研究 [J]. 地球学报，2020，41（2）：309 - 319.

[58] 李明晓，马鑫，张宏，等. 智慧农业——AI 在农业领域的应用与展望 [J]. 软件导刊，2019（8）：39-42.

[59] 韩宇. 人工智能在设施农业领域的应用 [J]. 农业工程技术，2016（31）：44-47.

[60] 刘现，郑回勇，施能强，等. 人工智能在农业生产中的应用进展 [J]. 福建农业学报，2013，28（6）：609-614.

[61] 刘耀雄. 智能机器人在农业自动化领域应用分析 [J]. 农业技术与装备，2019（1）：14-16.

[62] 赖菲，陈亚鹏，单正涛，等. 深度学习算法在光伏电站无人机智能运维中应用 [J]. 热力发电，2019（9）：139-144.

[63] 张盟，杨玉婷，孙鑫，等. 基于深度卷积网络的海洋涡旋检测模型 [J]. 南京航空航天大学学报，2020，52（5）：708-713.

[64] 张丽英，裴韬，陈宜金，等. 基于街景图像的城市环境评价研究综述 [J]. 地球信息科学学报，2019，21（1）：46-58.

[65] 刘方正，杜金鸿，周越，等. 无人机和地面相结合的自然保护地生物多样性监测技术与实践 [J]. 生物多样性，2018，26（8）：905-917.

[66] NOWAK A，LUKOWICZ P，HORODECKI P. Assessing Artificial Intelligence for Humanity：Will AI Be the our Biggest ever Advance？or the Biggest Threat [J]. IEEE Technology and Society Magazine，2018，37（4）：26-34.

[67] BROWN J. The early history of wastewater treatment and disinfection [C]// World Water Congress 2005: impacts of global climate change — proceedings of the 2005 World Water and Environmental Resources Congress，2005.

[68] 陈首珠. 人工智能技术的环境伦理问题及其对策 [J]. 科技传播，2019（6）：138-140.

[69] 陈小平. 人工智能伦理体系基础架构与关键问题 [J]. 智能系统学报，2019，14（4）：605-610.

[70] 杜严勇. 人工智能伦理引论 [M]. 上海：上海交通大学出版社，2020：106.

[71] 郭锐. 人工智能的伦理和治理 [M]. 北京：法律出版社，2020：26.

[72] 王东浩. 机器人伦理问题研究 [D]. 天津：南开大学，2014.

[73] 黄一鸣，雷航，李晓瑜. 量子机器学习算法综述 [J]. 计算机学报，2018，41（1）：145-163.

[74] 陆思聪，郑昱，王晓霆，等. 量子机器学习 [J]. 控制理论与应用，2017，34（11）：1429-1436.

后 记

　　作为一部环境方面的软科学专著，本书既包含了对环境领域的人工智能前沿应用方式的详细论述，也有对人工智能潜在应用形态的系统分析与总结。书中没有对过多的技术细节做展开，也没有大量的涉及信息专业的公式和复杂数学概念，目的就是使环境专业领域的读者能够更容易理解人工智能的优势与内涵，重点关注人工智能在环境工程中的应用模式，而不是纠结于对信息技术细节的研究。

　　本书中的研究主要包括了环境专业学者熟悉的水、大气、固体废弃物、土壤等环境保护领域应用人工智能的模式，也包含了相关专业技术成果的阐述。本书研究内容还囊括了环境工程中应用人工智能的创新模式和行为准则的问题。

　　我们需要深刻认识到，人工智能平台的发展正逐渐通过各类组件技术填平非信息专业应用人工智能技术的鸿沟，未来人工智能技术在环境工程中的应用将会是无障碍的，就像互联网技术一样渗透到到各个行业的方方面面，环境工程的形态必然会焕然一新。

本书的顺利出版首先应感谢安阳工学院博士启动基金项目（BSJ2020023）的支持。另外感谢"安阳工学院百千万英才提升计划"——"先进市政污水处理设施创新创业研究"对水环境保护章节部分研究的支持。同时感谢安阳工学院土木与建筑工程学院对研究给予的支持，感谢安阳工学院给排水科学与工程教研室对本书出版给予的支持。

　　还要感谢国家自然科学基金项目"大尺度上土壤综合环境质量异常区域自组织提取及其形成机制研究"（41001353）对书中很多前期研究的支持。

　　最后，希望本书的出版能为推动更多环保人士共同努力，助力中国的生态环境保护尽一份绵薄之力。